Der Controller und sein PC

CONTROLLING POCKETS 5

Manfred Grotheer
Markus Kottbauer

Der Controller
& sein PC

Controlling-Anwendungen
mit dem Personal Computer

Herausgegeben von
CA Controller Akademie AG
Gauting/München

7. neu geschriebene Auflage

VERLAG FÜR CONTROLLINGWISSEN AG
Freiburg und Wörthsee

7. neu geschriebene Auflage 2009

ISBN 978-37775-0033-1

© 2009 VCW Verlag für ControllingWissen AG
1. Auflage gedruckt 1989
Hindenburgstraße 64, 79102 Freiburg i. Br.
Münchner Straße 10, 82237 Wörthsee-Etterschlag

Gestaltung und Satz: deyhledesign Werbeagentur GmbH, Gauting
Druck: Ludwig Auer GmbH, Donauwörth
Printed in Germany 2009

Inhaltsverzeichnis

Vorwort zur 7. Auflage

Sind wir schon im Informationsparadies des Controllers? Wenn Controller mir heute in ihren Firmen voller Stolz ihre Cockpit-, SAP-BW- oder OLAP-Anwendungen zeigen und ich sie mit meinen PC-Erfahrungen bis zur ersten Auflage dieses Buches im Jahr 1990 vergleiche, möchte ich zunächst ein uneingeschränktes »Ja« aussprechen. Wir leben als Controller inzwischen in relativ paradiesischen Verhältnissen. In den 80er Jahren wurde der Datentransfer fast ausschließlich als Diskettenaustausch praktiziert, mit einem Fassungsvermögen von max. 1,44 MB pro Diskette. Aus »Großrechnersystemen« wurden die Daten zunächst in Form von ASCII-Textdateien ausgegeben und in dBase, einem Datenbankprogramm, eingespielt. Hier wurden sie zur vielseitigen und flexiblen Verwendung »zwischengelagert«. Anschließend wurden diese Daten zur Weiterverarbeitung an Multiplan, dem Excel-Vorgänger übergeben. An den Einsatz von Beamern und E-Mails zur Verbesserung der Kommunikation war noch nicht zu denken. Es wurde überwiegend mit Listen und Overheadkopien präsentiert. Irgendwie ging es damals dennoch, auch wenn es heute nicht mehr so richtig vorstellbar ist. Mit Sicherheit war aber die Arbeitseffizienz nicht so hoch. Die Anzahl der Mitarbeiter im Finanz- und Rechnungswesen war höher und auch die zur Verfügung stehende Zeit für die Generierung von Abschlüssen und die Durchführung der Planung war größer. Schließlich war auch die Komplexität geringer. **Weniger Mitarbeiter im Finanz- und Rechnungswesen leisten heute mehr und schneller**, u.a. auch durch höhere Qualifizierung und durch den Einsatz leistungsfähigerer Hard- und Software. Dieser Trend gilt aus meiner Sicht für die überwiegende Anzahl der Unternehmen, obwohl es noch immer einzelne Unternehmen gibt, die ihren Schnittstellen und den verarbeiteten Daten nicht trauen und noch mit zahlreichen heterogenen Systemen arbeiten, die nicht genügend integriert sind. Das wird für diese Unternehmen zumeist aber nur eine Frage der Zeit sein bis auch sie ihr Niveau weiterentwickeln.

Seit den 1980er-Jahren hat weiterhin auch eine zunehmende Ökonomisierung unserer Gesellschaft stattgefunden. Steve Jobs, Gründer und CEO von Apple, sagte einmal über das Produkt Microsoft Excel: »**Microsoft hat mit Excel die Menschen zu Buchhaltern gemacht.**« Diese Aussage ist mit Sicherheit zu pointiert. Besser wäre es gewesen zu formulieren: »Excel hat geholfen, die zunehmende Nachfrage nach Quantifizierungen komfortabler als mit Block, Taschenrechner und Produkten von Mitbewerbern zu befriedigen.« Hätte es keine Nachfrage nach Excel gegeben, wäre dieses Produkt auch nicht so erfolgreich geworden. Excel ist die softwareartige Ausprägung einer gesellschaftlichen Entwicklung, in der die Wirtschaft in den letzten Jahrzehnten in wachsendem Umfang in weitere Kreise unserer Gesellschaft vorgedrungen ist, woraus als Folge auch immer größere Notwendigkeiten zur Quantifizierung aufgetreten sind. So ist einerseits der Wettbewerbs- und Erfolgsdruck in wirtschaftlich orientierten Unternehmen größer geworden. Dadurch musste zunehmend exakter gerechnet werden, da entweder die Margen sanken und/oder durch den Shareholder-Value-Ansatz die Gewinnziele herausfordernder wurden. Auch hat der Staat viele Teilbereiche privatisiert und große Unternehmen haben dezentralisiert. Immer mehr Menschen sind somit in Folge von Privatisierung, Existenzgründung, Outsourcing, Dezentralisierung und Center-Konzepten durch die damit verbundenen Ergebnisverantwortlichkeiten in die Nähe zu den Rechnungswesensystemen Bilanz, GuV sowie Kosten- und Leistungsrechnung sowie Excel gekommen, das ein mehr oder weniger komfortables Tool zur Aufbereitung von Plan- und Ist-Daten der Rechnungswesensysteme ist.

Durch diese langsame Durchdringung der Gesellschaft mit wirtschaftlichem Gedankengut hat sich auch in vielen Unternehmen die Kommunikation zwischen Controllern und Nicht-Controllern verbessert. Nicht-Controller haben zunehmend ein

Verständnis für den Sinn und den Aufbau der Finanz- und Rechnungswesensysteme sowie, je nach Funktion, auch einen direkten und zunehmend komfortableren Zugriff auf ihre Informationen aus diesen Systemen.

Aus diesen technischen und gesellschaftlichen Entwicklungen folgt u.a., **dass der Controller insgesamt weniger Zeit zur Überzeugung und zur Gestaltung** neuer Rechnungswesensysteme **benötigt.** Auch gibt es zunehmend weniger die »manuelle Schnittstelle«, woraus ebenfalls Effizienzgewinne resultieren. Somit hat der Controller jetzt vermehrt Zeit und techn. Ressourcen, seine Rolle als interner Unternehmensberater und Business-Partner zu praktizieren. Nun kann er seine Ressourcen auf die Interpretation der Zahlen verwenden und nicht nur auf deren Generierung. Er kann Lösungsvorschläge entwickeln und mit dem Manager diskutieren. Auch kann er sich den Wie-geht-es-weiter-Fragen in Planungs- und Forecast-Themenstellungen widmen. Belastbare Zahlen und Systeme sind seine »Eintrittskarte« in die Management-Beratung. Man könnte sie auch als »Hygienefaktoren« bezeichnen. Sie müssen vorhanden sein, da der Controller sonst Akzeptanzprobleme hat. Die entscheidenden Erfolgsfaktoren für die erfolgreiche Rolle als Business-Partner sind aber das fundierte Wissen über die Geschäftsprozesse im Unternehmen und die Kommunikationskompetenz. Der Controller muss sein Wissen in der Kommunikation mit den Managern auch so transportieren können, dass diese seinen Vorschlägen folgen können. Speziell unter diesem Aspekt mögen Sie die Kapitel »Der gesprächsbegleitende PC-Einsatz«, »Der Flüssige-Mittel-Fall«, »Controller, PC und Berechnung einer Investition«, »Controller's ROI-Baum-Praxis« und »Der PC im Berichtswesen des Controllers« lesen. In diesen Kapiteln geht es vor dem jeweiligen thematischen Hintergrund insbesondere um die kommunikationspsychologischen Aspekte des PCs. Um das »Wie« des PC-Einsatzes, neben dem »Was«. Die in den Kapiteln beschriebenen organisatorischen und verhaltensorientierten Hinweise mögen Ihnen helfen, das die Manager durch

Einsehbarkeit Ihren Vorschlägen noch mehr folgen können, damit sich ein Thema nach dem Rationalitätsprinzip entscheidet und nicht aufgrund der Hierarchie. Hierzu enthalten diese Kapitel zahlreiche Hinweise. Es würde uns freuen, wenn Ihnen das Buch in dieser Weise bei der Wahrnehmung Ihrer **Co-Funktion (Communication, Coordination, Cooperation) als Businesspartner** unterstützen kann.

Manfred Grotheer
Neujahr 2009

Der gesprächsbegleitende PC–Einsatz

Situationsbeschreibung

Der PC ist der »Arbeitsesel« des Controllers. Er dient als mobiler Datenspeicher, eignet sich für dezentrale Bearbeitungen und Präsentationen, bietet den Zugang zu Netzen und kann auch als Frontend für ERP-Anwendungen eingesetzt werden. Hard- und Softwarefragen haben nur noch eine graduelle Bedeutung in der Arbeit des Controllers. Durch den gesprächsbegleitenden PC-Einsatz haben sich auch Verhaltensänderungen im Controlling eingestellt, die zwar vom Charakter her etwas »softiger« sein mögen, aber nachhaltig die Effizienz in der betrieblichen Kommunikation fördern. Dieser Beitrag befasst sich mit den Möglichkeiten, Erfahrungen und Grenzen dieser Einsatzform des PC im Controlling.

Besprechungen sind eine übliche Kommunikationsform in der Organisation der Entscheidungsfindung oder Durchführung, wenn mehrere Personen, bzw. deren organisatorische Einheiten, einzubeziehen sind, d.h. in der Teamarbeit. Da tendenziell eine zunehmende Spezialisierung und eine damit einhergehende Arbeitsteilung zu beobachten ist, **dürfte die Anzahl der Besprechungen weiterhin zunehmen:** Besprechungen können dabei aber leider auch derartige Ausprägungen annehmen:

- der Diskussionsverlauf verläuft unsachlich;
- die Diskussion bewegt sich im Kreis;
- Einschätzungen und Meinungen bilden das Ergebnis der Besprechung, ohne dass Entscheidungen getroffen werden;
- Entscheidungen werden zwar aufgrund von Einschätzungen und Meinungen getroffen, dennoch bleibt aber ein ungutes Gefühl bei den Gesprächsteilnehmern bestehen –

im Sinn von: »Besser ein falscher Entscheid als gar kein Entscheid«
- Entscheidungen werden gar nicht erst getroffen, obwohl sie möglich sind, und werden auf ein nächstes Meeting vertagt;
- der Chef trifft einen Entscheid, weil sich die Gesprächsteilnehmer nicht einigen können;
- die Gesprächsteilnehmer sind nicht nur unterschiedlicher Meinung, sondern – was viel bedeutsamer ist – nicht alle betroffenen Gesprächsteilnehmer tragen den gefassten Beschluss.

Diese Aufzählung mag nicht vollständig sein und kann sich zum Teil auch überschneiden, doch soll sie einen Anreiz bilden, die eigenen Gesprächserfahrungen zu wecken und sie mit den **Anregungen für den gesprächsbegleitenden PC-Einsatz** (im folgenden »g-PC-E« abgekürzt) in Verbindung zu bringen. Auch möge diese Aufzählung die individuellen Einsatzmöglichkeiten für den eigenen PC-Einsatz in Besprechungen deutlich werden zu lassen.

Speziell für das nachfolgend gelistete »Controller's Verhaltens-Trio« liefert der PC-Einsatz eine nachhaltige Unterstützung
1. **keine Rückspiegelfragen**, d.h. Fragen, die auf die Vergangenheit zielen, werden vermieden: z.B. realisierbar derart, dass bei der Gestaltung von Spreadsheets Plan- und Vorschaudaten in das visuelle Zentrum der Präsentation bzw. des Arbeitens gesetzt werden, sodass sich im Gespräch auf die Wie-gehts-Weiter-Themen konzentriert wird.
2. **keine Wertungen:** der Controller lässt die Aussageform auf dem PC-Bildschirm, z.B. eine nicht-ausgefüllte Zelle in Excel, nach der Aussage (= Entscheid) des Managers fragen. Damit kann des Controller es vermeiden, selber zu fragen und damit in die Gefahr einer (Be-) Wertung zu kommen;

3. **nebeneinander sitzen und arbeiten:** der PC erzwingt das Nebeneinander als Grundpfeiler einer themazentrierten Interaktion, in der das Thema zum räumlichen Zentrum einer Kommunikation arrangiert wird. Durch eine derartige Anordnung wird das Thema quasi zum Übertragungsmedium, womit eine Diskussion dann konzentrierter und in sachbezogener Weise verläuft.

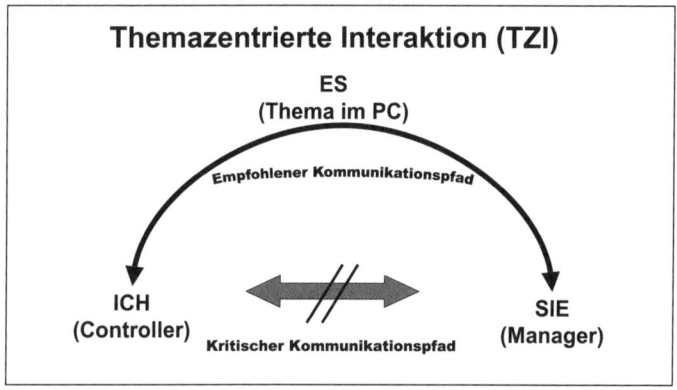

Abbildung 1.1: Modell der themazentrierten Interaktion am PC: Das Thema im PC bildet das Zentrum und nicht eine gegenübersitzende Person.

Abbildung 1.2: Themazentrierte Interaktion am PC: Controller und Manager sitzen nebeneinander am PC.

Lösungsansatz durch g-PC-E

Zielsetzung

Im Folgenden gilt es jetzt darzustellen, wie die Effizienz von Besprechungen, insbesondere durch g-PC-E, erhöht werden kann, wobei der PC-Einsatz im abgestimmten Ensemble mit anderen Instrumenten und Verhaltensweisen erfolgen soll. Dabei ist der gesprächsbegleitende PC-Einsatz mit Sicherheit kein Allheilmittel gegen die oben genannten Abweichungen vom Pfad der Besprechungstugend, die durchaus gewollt und nötig sein können. Er soll und kann hingegen dabei helfen, sie zu kultivieren, damit es zu keinen ungewollten Eskalationen kommt und das Besprechungsziel erreicht wird.

In den Seminaren der Controller-Akademie wird der g-PC-E bereits seit mehreren Jahren in Fallstudien praktiziert. Die zahlreichen Erfahrungen, die durch die Vergleiche von Fallstudienbearbeitung entweder mit oder ohne PC-Einsatz gewonnen wurden, zeigen positive Effekte. Insbesondere unterstützt der g-PC-E Controller's typische Kommunikation; der PC dient dabei ihr als Kraftverstärker.

Definition

Was ist nun unter dem gesprächsbegleitenden Einsatz eines PC zu verstehen? Die zunächst einfachste und natürlichste Form der Kommunikation ist sicherlich das direkte Gespräch zwischen Menschen, ohne die Verwendung technischer Hilfsmittel. Die ausgetauschten Informationen sind dabei nicht nur auf die sprachlichen Informationen begrenzt, sondern enthalten auch nonverbale Informationen wie die Gestik und die Ausstrahlung der Gesprächspartner.

Wird die Natur der zu übermittelnden Informationen komplexer, so können sich die Gesprächspartner gegenseitig Unterlagen zeigen, wie Skizzen, Listen, Grafiken und Bilder. Somit erfolgt die Bildkommunikation als Ergänzung zur Sprachkommunikation (Volksmund: »Ein Bild sagt mehr als tausend Worte«). Genau diesen Aspekt der Kommunikation will der gesprächsbegleitende PC-Einsatz unterstützen: Komplexe Sachverhalte eines Gespräches als quasi helfendes, integriertes und simultan wirkendes Kommunikationsmedium ins Bild setzen und somit auch den Gesprächspartner ins Bild setzen. Damit werden zahlreiche Fragestellungen »einsehbar« und – daraus folgend – verständlich. Die englische Sprache drückt diesen Sachverhalt besonders plastisch aus, indem sie die Redewendung »now I see« für »nun habe ich es verstanden« benutzt. Durch den g-PC-E wollen wir durch Sehen zu einem »Ein-Sehen« und damit zu mehr Verständnis für Sachfragen und das Miteinander gelangen.

Vorbereitung
a) Themenauswahl
   Eines der wichtigsten Kriterien für den erfolgreichen PC-Einsatz in der Gesprächsbegleitung ist das richtige Thema. Wenn das Thema geeignet ist, ergibt sich fast automatisch die zum Erfolg führende richtige Vorgehensweise. Ein im Bereich der Controllerfunktion geeignetes Thema ist dadurch gekennzeichnet, dass

   – die Aufgabenstellung (Was ist zu tun?) genau
     definiert ist,
   – das Ziel (Was soll dabei herauskommen?)
     eine Zahl ist,
   – quantifizierbare Input-Größen (Mengen und Werte)
     zu betrachten sind,
   – eine gute und schnelle Lösung mit großer Wahrscheinlichkeit Informationen benötigt, über die primär Mitarbeiter anderer Funktionsbereiche verfügen, so dass sich das simultane Arbeiten im Team mit diesen Mitarbeitern anbietet (z.B. Marketing, Verkauf, Produktion und Einkauf). Gerade dieser Aspekt prädestiniert den g-PC-E für den Einsatz im Instrumente-Set der Controller Funk-

tion, da insbesondere der Controller stark auf die Zusammenarbeit mit anderen Abteilungen angewiesen ist, z. B. hinsichtlich der Generierung von Primärdaten für Entscheidungsrechnungen.

– sich die Diskussion noch in einer Phase des Suchens befindet, in der Alternativen und Sensitivitäten geprüft werden und Maßnahmen mit ihren ökonomischen Auswirkungen korrigiert, ergänzt oder verworfen werden können. In der Beschlussphase einer Entscheidungsphase ist es für die Betrachtung von Alternativen normalerweise zu spät und der PC-Einsatz erhält eher einen Präsentations- als einen Problemlösungscharakter.

– die zu behandelnde Fragestellung sollte alle Mitglieder des Meetings betreffen, da sonst Mitarbeiter des Teams mental »aussteigen« könnten.

Daraus resultiert, dass der Controller rechtzeitig die Tagesordnung mit den zu behandelnden Themen erhält, um anhand dieser Kriterien die Möglichkeit des g-PC-E zu prüfen und vorbereiten zu können.

b) Personenkreis

Die ideale Teamgröße für den g-PC-E sollte, ohne den Einsatz eines Beamers, nicht mehr als 3-4 Mitarbeiter umfassen, um ein effizientes Arbeiten zu ermöglichen. Bei größeren Gruppen wird der PC entweder im Hintergrund eingesetzt, was zwar parallel aber nicht simultan integriert zum Gespräch geschieht, wodurch dem PC viel an Wirkung genommen wird. Er dient dann meist als »Rechenknecht« oder zur Dokumentation quantitativer Zwischenergebnisse. Alternativ erfolgt die Problemlösungshilfe durch »Einsehbarmachen« bei größeren Gruppen zumeist durch den Einsatz eines Beamers.

c) Geräte/Zubehör

Obwohl das Thema an dieser Stelle der gesprächsbegleiten-de PC-Einsatz ist, benötigt es zu dem EDV-Equipment u.a. auch noch eine genügend große Projektionsfläche, die in Hotels und Konferenzräumen leider viel zu oft viel zu klein für die Präsentation von Zahlenübersichten ist, Pinnwände und Flipcharts. Diese Organisationsmittel haben dabei alle gemeinsam, dass sie als Controller's »Multimedia-Equip-ment«

- Themen visualisieren, d. h. einsehbar machen,
- per se das Nebeneinander bei der Erarbeitung in Gruppen verlangen, was besonders ausgeprägt beim g-PC-E der Fall sein kann.

d) IT-Voraussetzungen

Einsatzorientiert sollte die Konfiguration von Hard- und Software vorgenommen werden, da sie durch ihre Funktionalität entscheidend zur Performance beiträgt.

Hardware
- Desktop/Notebook
  Von der Leistung her sind inzwischen alle (Sub-) Note-books für den g-PC-E geeignet. Ausnahmen bilden teil-weise noch anspruchsvolle Datenbankabfragen und Videopräsentation, insbesondere wenn sie parallel zu anderen Anwendungen eingesetzt werden. Die Schwach-stellen heutiger Notebooks für den g-PC-E bestehen vor allem darin, dass die meisten Bildschirme eine zu geringe maximale Helligkeit haben, um die Energieverbrauch im Akkubetrieb zu reduzieren, und Displays stark spiegeln-den Oberflächen sowie einen deutlich engeren Ablese-winkelbereich aufweisen. Insofern sind Notebooks zum g-PC-E nur in Kleingruppen von 2-3 Teilnehmern geeignet oder benötigen die Unterstützung durch einen Beamer.

- *Drucker*
  Die Auswahl von Druckern sollte unter der Zielsetzung »leise und schnell« erfolgen, um bei feststehendem Ergebnis dieses Resultat schnell in einem Druckexemplar protokollieren zu können. Diese Anforderungen werden heute von allen handelsüblichen Business-Druckern erfüllt. Störend auf den Diskussions- und Problemlösungsprozess wirkt es hingegen, wenn während des Diskussions- und Findungsprozesses Ausdrucke vorgenommen werden, da dadurch der Gesprächsverlauf in mehrfacher Hinsicht gestört wird:
  - jeder möchte gerne seinen Ausdruck haben,
  - jeder wartet gespannt auf seinen Ausdruck,
  - jeder vertieft sich in seinen Ausdruck,
    sobald er ihn hat.

Auch kann sich in Abhängigkeit von der Teilnehmerzahl eine lange Druckzeit ergeben, die durch die Geräuschkulisse des Druckers störend wirken kann. Weiterhin kann auch der Prozess des Ausdruckens durch das Warten und die anschließende individuelle Prüfung die Konzentration der Teilnehmer auf das Gespräch beeinträchtigen. Es mag verschiedene Möglichkeiten geben, diese Effekte auszuschließen. An dieser Stelle wird dem Gedanken gefolgt, innerhalb des Gesprächs eine Konzentration der Teilnehmer ausschließlich auf jeweils ein Thema zu erreichen. Dieses Thema ist für die Gruppe zunächst inhaltlich ein gedankliches Thema. Ist dieses Thema auch visuell als ein Thema dargestellt, wird dadurch die Fokussierung der Gesprächsbeiträge auf dieses Thema als Brennpunkt unterstützt. Einzelne Zwischenausdrucke für jeden Teilnehmer enthalten demnach zwar dasselbe Thema, aber visuell entsteht es nicht einmal, sondern physisch mehrfach (auf den Blättern der einzelnen Teilnehmer). Dadurch kann es dazu kommen, dass jeder für sich an demselben Thema arbeitet, aber nicht unbedingt gemeinsam, simultan und aufeinander aufbauend. Dieser Zielsetzung würde es entsprechen, wenn die einzelnen Zwischenergebnisse nicht ausgedruckt, sondern mit den jeweils gesetzten Parametern vom Controller auf einem Flipchart, einer Pinnwand oder einem Excel- bzw. Word-Dokument (mit Beamer projiziert), für alle einsehbar, festgehalten werden. Erst das endgültige Ergebnis würde den Gesprächsteilnehmern zum Gesprächsende, im Stil eines Sofortprotokolls, in gedruckter Form übergeben und/oder per E-Mail in elektronischer Form zugesandt werden.

– *Beamer*
  Über Beamer, die sich inzwischen teilweise auch für den portablen Einsatz in Controller's »Hausbesuchspraxis« eignen, besteht die Möglichkeit, den Bildschirminhalt auch einer größeren Gruppe einsehbar zu machen.
  Es wäre jedoch individuell zu prüfen, ob sich bei der Verwendung eines Beamers nicht ein »Kinoeffekt« einschleicht. Verdunkelung und Vergrößerung könnten zu einer Überbetonung der Instrumente führen, die darin münden kann, dass die Gesprächsteilnehmer das Ergebnis eher als einen »Schlag des Schicksals« empfinden als eine selbst erarbeitete Lösung. Bei Problemlösungsteams aus bis zu 4 Mitarbeitern sollte auf den Einsatz einer Projektionshilfe verzichtet werden, da Enge und Bewegung den Prozess der Problemlösung in diesem Arbeitsstil fördern. In größeren Gruppen, evtl. in strukturierter Sitzordnung (z. B. Hufeisenform), ist der g-PC-E ohne Projektionshilfe gar nicht möglich.

– *Software*
  Die Software-Einsatz ist – ebenso wie die vorbereitete Bereitstellung von Daten – abhängig von der Tagesordnung. In der Controller-Praxis sind dieses häufig

Spreadsheet-, OLAP, ERP- und Internet-Anwendungen, aber auch Mindmap- oder Projektplanungssoftware. Die Anwendungen sollten genügend flexibel sein, um vergleichende »wenn ... dann-Fragen« betrachten zu können. Ebenfalls sollten sich kleinere Ergänzungen und Änderungen während des Gesprächs einfügen lassen. Als hilfreich zeigt sich häufig eine Zielsuchefunktion (Goalseeking), die im Spreadsheet-Menü angeboten wird oder selber entwickelt werden kann, um z.B. Engpässe rechnerisch zu optimieren oder im Rahmen von Iso-Deckungsbeitragsbetrachtungen bei Preis-Mengen- bzw. Promotion-Varianten.

Häufig wird auch eine grafische Darstellung des Ergebnisses durch entsprechende Softwareprodukte als hilfreich empfunden. Dieses bietet sich wahrscheinlich eher an, wenn es sich um standardisierbare Vorgänge handelt. Die gesprächsbegleitende Ad-hoc-Entwicklung einer Grafik möchte ich an diesem Zusammenhang eher als Kür bezeichnen; schwerpunktmäßig sollte jedoch zunächst die Pflicht, d. h. die zahlenmäßige Begleitung mit dem PC, im Mittelpunkt stehen.

– *Daten*
Beim g-PC-E werden vorwiegend Daten verarbeitet, die sich aus dem Gesprächsverlauf als Aussagen der Manager ergeben. Vom Typ her handelt es sich dabei vor allem um Plan- und Erwartungsdaten der Manager, die auf hohen Verdichtungsebenen oder für ausgewählte Fragestellungen (A-Produkte, -Kunden oder -Regionen) erörtert werden. Massendaten (z.B. bewertete Arbeitsplätze oder Stücklisten), die aus einer ERP- oder Datawarehouse-Applikation in differenzierter oder verdichteter Form zur Verfügung gestellt werden können, bilden dabei eher die Datenbasis für Analysen.

Weitere »Tools« des Controllers

Als weitere »Tools« des Controllers sind Flipcharts und Pinnwände zu nennen. Diese Instrumente bilden ein wesentliches
Bindeglied zwischen Methode (z. B. analytische Planung), Organisation (themazentriert), Verhalten (nebeneinander, in Alternativen und Konsequenzen denkend) und Einstellung (gemeinsam zum Ziel). Zunächst sind diese Tools, ebenso wie der
PC selbst, als Organisationsinstrumente zu betrachten. Durch
den richtigen Einsatz dieser Instrumente, der weiter unten aus-
führlich beschrieben wird, ergibt sich dabei gleichzeitig eine für
den Lösungsprozess günstige Änderung der Verhaltensweise.

Sitzordnung, Raumgestaltung und Ort

Sitzordnungen wirken häufig strukturierend hinsichtlich der
Personen (Hierarchie), weniger hinsichtlich des Themas. Hier
gilt es, das Thema selbst strukturierend wirken zu lassen – mit
Hilfe von Pinnwand, Flipchart, PC und der gewünschten themenzentrierten Sitzordnung. Diese muss für den g-PC-E unbedingt erfolgen und ergibt sich häufig von selbst. Der PC ist ein
idealer funktionaler Anlass, die Themenzentrierung herzustel-
len, da jeder Teilnehmer selber den Inhalt des PC-Bildschirms
bestmöglich sehen möchte. In unserem Zusammenhang bedeutet das konkret: das Thema bildet den visuellen Brennpunkt.
Die Teilnehmer sind räumlich (nebeneinander) dem Thema zugewandt. Diese »Conditio sine qua non« wird dadurch erreicht,
dass der Bildschirm ein wesentlicher Engpass beim g-PC-E ist,
da er eine geringe Größe hat und häufigt nur einen oder mehrere Ausschnitte eines Arbeitsblattes zeigen kann, aber nicht das
ganze Arbeitsblatt. Wird innerhalb eines Arbeitsblattes gesprungen, müssen die Teilnehmer diesen Sprung mitvollziehen
können. Es muss erkennbar sein, woher und wohin gesprungen
wurde, um das Blättern am Bildschirm, das dem Blättern in
schriftlichen Konferenzunterlagen entspricht, nicht als störend

zu empfinden. Das kann aber nur geschehen, wenn das Thema auf dem PC-Bildschirm Zielpunkt der Gesprächsteilnehmer ist, die ihre Sitz- oder Stehpositionen – vielleicht nach einer kleinen Einladung – automatisch auf das Thema ausrichten, da diese Verfahrensweise wegen des Selber-Sehen-Wollens als selbstverständlich empfunden wird.

Häufig werden für Besprechungen hufeisenförmige Sitzordnungen gewählt. Unsere Erfahrungen haben in diesem Zusammenhang gezeigt, dass ein Chef als Leiter einer Gesprächsgruppe innerhalb dieser Sitzordnung nur sehr selten dazu bewegt werden kann, alternative Handlungsmöglichkeiten mit dem PC kalkulieren zu lassen, weil er dann, um im doppelten Sinn »im Bild zu sein«, seinen Platz verlassen müsste. Hier wäre jetzt die Verwendung eines Beamers vorteilhaft, der den Gesprächsteilnehmern Aufbau und Inhalt einsehbar macht, ohne dass diese ihren lokalen Standpunkt zu verändern brauchen.

Sitzordnung mit fester Struktur unterstützen, auch bei Verwendung einer Projektionshilfe, nicht unbedingt die Absicht, in Alternativen zu denken. Hierfür eignet sich eher die themazentrierte Sitzordnung, die auch einmal einen Platzwechsel zulässt, um den eigenen Interessenstandpunkt von einer anderen Warte zu betrachten.

Ein idealer Ort für den g-PC-E ist ein betrieblicher Medien- oder Besprechungsraum im Sinn von »Controller's Behandlungszimmer«. Seitens der Mobilität sind »Controller's Tool-Ensemble«Grenzen gesetzt, so dass ein fester Standort funktional ist, der gleichzeitig auch zu einem Vertrautheitseffekt führt: »Wir treffen uns mal wieder, routinemäßig.« Von Vorteil in diesem Medien- bzw. Besprechungsraum wäre es, wenn möglichst viele Moderationsinstrumente beweglich sind. Das gilt zunächst für die Tische und Stühle. Eine hierarchisch geprägte Sitzordnung, in der jeder Gesprächsteilnehmer immer seinen festen Platz hat, der manchmal selbst bei Abwesenheit des »Sitz-Inhabers« nicht besetzt wird, ähnlich wie im Parlament, ist einer thema- und sachorientierten Diskussion häufig hinderlich. Die Hierarchieorientierung kann insbesondere durch eine andere Sitzordnung, z.B. ohne Tische, und nebeneinander, vor einer Projektions- oder Pinnwand sitzend, zugunsten einer Sachorientierung aufgehoben werden.

Weiterhin negativ wirken Projektionswände, die zu klein an falschen Stellen, z.B. seitlich statt zentriert, an der Wand montiert sind. Eine weiße Wand im Zentrum bietet häufig eine größere und bessere Projektionsfläche.

Um diese nutzen zu können, sollte der Beamer ebenfalls flexibel positionierbar und nicht fest an der Decke montiert sein. Die Deckenmontage reduziert zwar die Diebstahlgefahr und den Kabelsalat, erzeugt meistens aber zu kleine Projektionsbilder, die sich nicht flexibel nach links oder rechts verschieben lassen.

Teilweise finden Gespräche bzw. Präsentationsvorbereitungen zwischen Kollegen vor Notebooks auch an Verkehrknotenpunkten und in Verkehrsmitteln statt. Insbesondere Powerpointfolien, die deutlich die Kennzeichnung »Vertraulich« tragen, erzeugen das Interesse der Mitreisenden, die neben und hinter dem Notebookinhaber sitzen. Auch Überwachungsvideokameras zoomen gerne auf vertrauliche Unterlagen. Für die Bearbeitung derartiger Unterlagen sind geschütztere Räume empfehlenswert.

Zeitrahmen

Wie für alle Besprechungen sollte auch für Besprechungen mit dem g-PC-E ein festes Zeitbudget bestehen, das auch einzuhalten wäre. Anhand dieses Zeitbudgets kann jeder Gesprächsteilnehmer einschätzen, wie viel bereits der Problemlösung näher gekommen wurde und wie viel Zeit noch zur Verfügung steht, um den Rest zu schaffen. Dabei bedarf es manchmal ungeheurer Kraft in der Moderationsfunktion, bis kurz vor dem Ende durchzuhalten, ohne dass sich offensichtlich der Lösung genähert wird. Hier wird manchmal zu schnell dazu geneigt, eine

Sitzung zu vertagen. Gerade der g-PC-E kann Lösungen in letzter Minute, die manchmal eine längere »Gärung« und vielleicht etwas »Druck und Hitze« benötigen, recht schnell quantifizieren.

Der Controller sollte weiterhin ca. 45-60 Minuten vor Gesprächsbeginn im Raum sein, um zu lüften, die Lichtsituation (zu dunkel bzw. zu hell) einzuschätzen sowie die Geräte und ihren Zustand (z.B. genügend Flipchart-Papier, gefüllte Flipchart-Stifte) zu prüfen. Insbesondere zwischen PC und Beamer gibt es immer wieder Verbindungs- und Auflösungsprobleme, so dass professionelle Seminarveranstalter von ihren externen Referenten schriftlich die Zusage verlangen, **Beamer und PC mindestens 45 Minuten vor Seminarbeginn auf ihr einwandfreies Arbeiten zu überprüfen**.

Gleichzeitig können Sie nach der Prüfung der Geräte die Besucher persönlich begrüßen, evtl. die Themenerwartungen abfragen und schon vor Gesprächsstart für den Aufbau einer positiven Beziehungsebene zu den Gesprächspartner sorgen.

Durchführung des gesprächsbegleitenden PC-Einsatzes

Besonderheiten beim erstmaligen g-PC-E innerhalb einer Gruppe

Soll in einem Gesprächskreis erstmals ein g-PC-E durchgeführt werden, bedarf es zunächst einer Erläuterung des Zwecks, der Möglichkeiten und der Verfahrensweise für den g-PC-E, um eine Integration dieser neuen Methoden und Verhaltensweisen in den Problemlösungsprozess zu erreichen. Eine besondere Bedeutung erhält dabei der Hinweis auf die gesprächsbegleitende Funktion. Die PC rechnet und protokolliert dabei nicht im Hintergrund, sondern interaktiv, d.h. eingebunden in den Gesprächsverlauf. Geschieht diese vorbereitende Erläuterung nicht im ausreichenden Maß, »kränkelt« der PC-Einsatz, weil die Gesprächsteilnehmer

- die Übersicht über Aufbau und Ablauf der Programme verlieren,
- die Zwischenergebnisse und die qualitativen Aussagen nicht festgehalten sehen,
- den g-PC-E als unerlaubtes Ass im Ärmel des Controllers oder als Kontrolle ihrer Aussagen empfinden.

Tritt einmal eine Frage auf, die mit dem g-PC-E nicht oder nicht befriedigend gelöst werden kann, dann gilt auch hier die alte Moderationsregel: **»Störungen haben Vorrang!«**. In dem Moment ist dann unbedingt sofort der Hinweis erforderlich, dass an Grenzen gestoßen wird, die so nicht überbrückt werden können, verbunden mit der Frage, ob dieses Problem auch anders gelöst werden kann, z. B. durch gemeinsames Rechnen am Flipchart, ohne komplett auf den PC-Einsatz zu verzichten?

Manager's und Controller's Aufgaben

In der Controller-Akademie verwenden wir als Verhaltensbild zur Darstellung des »Controlling« häufig das Schnittmengenbild:

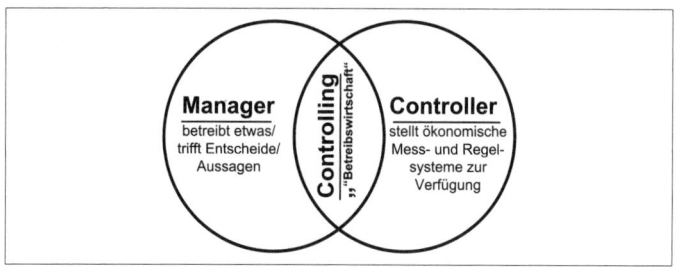

Abbildung 1.3: Controlling als Schnittmenge von Manager's Aussagen und Controller's betriebswirtschaftliche Aussageform

Dieses **Schnittmengenbild** zeigt, dass sich das »Controlling« aus den Aussagen des Managers (= Entscheidungen hinsichtlich Marktbearbeitung, technischer Strukturen und organisatorischer Prozesse) und der bwl. Aussageform (= ökonomische Struktur, Formel oder Planungsstruktur) des Controllers ergibt. Durch seine Aussagen beeinflusst der Manager die Höhe des Ergebnisses. Er ist damit ergebnisverantwortlich, während der Controller eine Ergebnistransparenzfunktion hat. Er sorgt dafür, dass im Unternehmen Systeme und Instrumente bestehen, damit der Manager selber noch besser die ökonomischen Auswirkungen seines Tun hinsichtlich Höhe und Qualität sehen kann. Mit »Qualität« ist dabei keineswegs eine Wertung gemeint, sondern eher das Symbol des Fragezeichens oder »Offene-Punkte-Protokolls«: Wo gibt es noch offene Punkte, die geklärt werden müssen?

Die Schnittmenge verstehen wir dabei nicht als Kommunikation über den Postweg oder per E-Mail, sondern primär als Termine und **persönliche Treffen**. Hier gilt es, die Aussagen der Manager zu den behandelten Themen in die strukturierte betriebswirtschaftliche Aussageform des Controllers zu bringen, die simultan die Ergebnisauswirkungen zum Gesprächsverlauf zeigt.

Controller's Rolle – wirkungsvoller durch g-PC-E

Der Controller fungiert während des g-PC-E zumeist in zwei Rollen: als (am PC) tippender und (am Flipchart) »flippender« Controller. Da diese Prozesse teilweise parallel verlaufen, ist es sinnvoll, diese unterschiedlichen Rollen auch mit verschiedenen Personen zu besetzen. Am PC arbeitet der Assistant-Controller, während der Chef-Controller am Flipchart und der Pinnwand wirkt. Der Controller dokumentiert, stellvertretend für alle Teilnehmer, die Zwischenergebnisse und offenen Punkte und versucht, gemeinsam mit den Gesprächsteilnehmern, eine Antwort beispielsweise auf die Frage zu bekommen, ob das

Budget realistisch ist, indem er noch nicht erörterte Fragen aus
»**Controller's Standardfragenkatalog**« einbringt.

Dieser Standardfragenkatalog könnte z.B. Folgendes enthalten:

- Sind die Analysen ausreichend?
- Sind <u>Alternativen und Sensitivitäten</u> betrachtet worden?
- Sind die operative und strategische Planung verzahnt?
- Sind die <u>operativen Teilpläne integriert</u>?
- Sind Maßnahmen geplant oder wurde das Ergebnis nur
  rechnerisch hingetrimmt?
- Besteht Kontinuität in der Planung?
- Hat der es gesagt, der zuständig ist?
- Ist die Planung ökonomisch logisch?
- Ist die Planung »bottom up« erarbeitet worden?
- Wurde <u>richtig gerechnet</u>?

Der g-PC-E kann dabei besonders zu den unterstrichenen Fragen wertvolle Unterstützung leisten. Quantitative Aussagen
werden vom Assistant-Controller sofort in die Aussageform,
z. B. das Spreadsheet im PC, übernommen und verarbeitet. Eine
enge Zusammenarbeit ist an dieser Stelle zwischen Chef-Controller und Assistant-Controller erforderlich. Es mag selbstverständlich klingen, dennoch möchte ich es hier betonen: Der
leitende bzw. moderierende Chef-Controller muss wissen, was
der Assistant-Controller für Möglichkeiten aber auch Grenzen
hat. Gleichzeitig muss aber auch dem Assistant-Controller bewusst sein, dass er nicht für sich rechnet, sondern begleitend
für das Gesprächsteam. Falls eine Quantifizierungsmöglichkeit
zu verstreichen droht, ohne dass sie genutzt wird, sollte der
begleitende Assistant-Controller aus diesem Bewusstsein heraus auch sagen dürfen: »Das können wir aber auch rechnen!
Können wir gemeinsam Zahlen eingeben!« In diesem Moment
gelingt das Modell von Manager und Controller, die, gemeinsam vor dem PC sitzend, im Bilde sind.

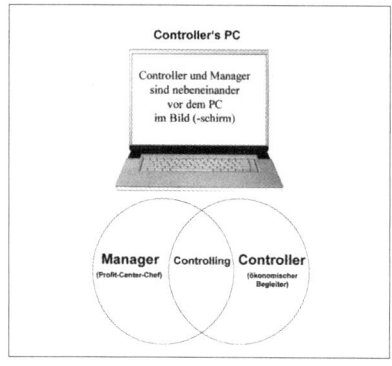

Abbildung 1.4: Controlling nebeneinander vor dem PC, um im »Bild zu sein«

Ergebnisse

In einer Fallstudie der Controller Akademie wird seit mehreren Jahren zur Budgetplanung ein Tabellenkalkulationsblatt eingesetzt, dessen Aufbau in der folgenden Abbildung dargestellt ist.

BUDGET-ENTWURF - OPERATIVE PLANUNG

	Sparte G					Sparte S				Gesamt
	Artikel 1/EF	Artikel 1/HW	Artikel 2	Artikel 3	Sub-Total	Artikel B Inl.	Artikel B Ausl.	Artikel B Neu	Sub-Total	
VP/kg	9,50	9,50	7,50	10,00		4,80	0,00	0,00		
Produktkosten/kg	7,70	8,80	6,00	7,00		3,15	0,00	0,00		
DB/kg	1,80	0,70	1,50	3,00		1,65	0,00	0,00		
DB in %	18,95	7,37	20,00	30,00		34,38	0,00	0,00		
kg/Arb.-h	10,0	0,0	15,0	5,0		20,0	0,0	0,0		
DB/Arb.-h	18,00	0,00	22,50	15,00		33,00	0,00	0,00		
Absatz (t)	800	0	1.000	200	2.000	1.000	0	0	1.000	3.000
Tausend Arb.-h	80	0	67	40	187	50	0	0	50	237
	(TE)	(TE)	(TE)	(TE)	(TE)	(TE)	(TE)	(TE)	(TE)	(TE)
Umsatz	7.600	0	7.500	2.000	17.100	4.800	0	0	4.800	21.900
Produktkosten des Absatzes	6.160	0	6.000	1.400	13.560	3.150	0	0	3.150	16.710
DB I	1.440	0	1.500	600	3.540	1.650	0	0	1.650	5.190
Promotion					1.000	250	0	0	250	1.250
DB II					2.540	1.400	0	0	1.400	3.940
Dir. Struko für Entw., Produktion u. Vertrieb					1.500				600	2.100
DB III					1.040				800	1.840
Zentrale Struko										1.500
Betriebsergebnis										340
Dir. Spartenkapital					4.000				2.000	6.000
Zentr. capital employed										4.000
ROI auf Ges.-Kapital										3,4%

Abbildung 1.5: Budget-Ausgangsversion vor dem gesprächsbegleitendem PC-Einsatz

Die Ausgangssituation dieser Fallstudie ist u. a. dadurch gekennzeichnet, dass ein erster Budgetentwurf mit einem Betriebsergebnis von 340 T€ ein vorgegebenes Ziel von 1.000 T€ nicht erreicht. Weiterhin besteht in der Produktion ein Engpass von 237.000 Arb.-Std., die für beide Sparten eingesetzt werden können und die im nächsten Jahr nicht beeinflussbar sind. Der Leiter der Sparte »G« scheint bei den Spartenleitern der »Big Boss« zu sein, da er sowohl die meisten Arb.-Stunden in Anspruch nimmt als auch den höchsten Deckungsbeitrag erzielt.

In der Fallstudie überarbeiten beide Sparten zunächst isoliert ihren ersten Entwurf eines Spartenbudgets, um anschließend, während einer gemeinsamen Budgetsitzung mit dem Vorstandsvorsitzenden und dem Controller, eine Konsolidierung und Verabschiedung vorzunehmen.

Typischerweise erfolgt von der Sparte »G« für die Budgetsitzung ein Vorschlag, der einen verbesserten DB III und eine »Besitzstandswahrung« bei den Arb.-Std. vorsieht. Sparte »S« betreibt eine Expansionspolitik, die aus operativer Sicht durch den DB/h als Engpass-DB gestützt wird, mit dem Ergebnis eines ebenfalls verbesserten DB III und eines erhöhten Stundenvolumens, das den Engpass im nächsten Jahr überschreitet. In dieser Situation der Abstimmung erfolgt der gesprächsbegleitende PC-Einsatz in der oben beschriebenen Vorgehensweise, der zu folgendem neuen beschlussfähigen Budget führt:

Aus diesem neuen Budget werden folgende Ergebnisse für den g-PC-E deutlich, die auch in der Praxis des Untern.-Alltages ihre Bestätigung gefunden haben:

BUDGET-BESCHLUSS - OPERATIVE PLANUNG

	Sparte G					Sparte S				Gesamt
	Artikel 1/EF	Artikel 1/HW	Artikel 2	Artikel 3	Sub-Total	Artikel B Inl.	Artikel B Ausl.	Artikel B Neu	Sub-Total	
VP/kg	9,50	9,50	7,00	11,00		4,70	4,80	0,00		
Produktkosten/kg	7,70	8,80	6,00	6,37		3,15	3,15	0,00		
DB/kg	1,80	0,70	1,00	4,63		1,55	1,65	0,00		
DB in %	18,95	7,37	14,29	42,09		32,98	34,38	0,00		
kg/Arb.-h	10,0	0,0	15,0	6,0		20,0	20,0	0,0		
DB/Arb.-h	18,00	0,00	15,00	27,78		31,00	33,00	0,00		
Absatz (t)	0	800	1.500	240	2.540	1.190	750	0	1.940	4.480
Tausend Arb.-h	0	0	100	40	140	60	38	0	97	237
	(TE)	(TE)	(TE)	(TE)	(TE)	(TE)	(TE)	(TE)	(TE)	(TE)
Umsatz	0	7.600	10.500	2.640	20.740	5.593	3.600	0	9.193	29.933
Produktkosten des Absatzes	0	7.040	9.000	1.529	17.569	3.749	2.363	0	6.111	23.680
DB I	0	560	1.500	1.111	3.171	1.845	1.238	0	3.082	6.253
Promotion					1.000	250	300	0	550	1.550
DB II					2.171	1.595	938	0	2.532	4.703
Dir. Struko für Entw., Produktion u. Vertrieb					1.500				600	2.100
DB III					671				1.932	2.603
Zentrale Struko										1.500
Betriebsergebnis										1.103
Dir. Spartenkapital					4.000				2.000	6.000
Zentr. capital employed										4.000
ROI auf Ges.-Kapital										11,0%

Abb. 1.6: Budget-Beschluss nach dem gesprächsbegleitendem PC-Einsatz

Sachbezogene Ergebnisse

– Ein ideales Terrain für den g-PC-E bietet die Erörterung von Engpässen. Schnell werden Relationen hinsichtlich der Erreichung oder Abweichung von einem Engpass deutlich, die unter Mithilfe aller Gesprächsteilnehmer konzentriert diskutiert werden können. Wahlweise können Maßnahmen und ihre Auswirkungen isoliert oder in verschiedenen Kombinationen dargestellt werden.

– Eine ähnlich hohe Wertigkeit für den g-PC-E ergibt sich bei der Planung in Matrix-Organisationen, wobei sich eine bestmögliche Ergebnisfindung nur über Alternativbetrachtungen im Sinn von »wenn ... dann-Fragen« ergibt. Nur durch das simultane Betrachten, Erörtern und Kombinieren der Maßnahmen der einzelnen organisatorischen Einheiten, die sich in einer Matrix treffen, kann das Optimum für die Matrix gefunden werden.

- Der g-PC-F unterstützt daher die Suche nach einem Optimum für das Ganze und nicht für Teilbereiche.
- »Wenn ... dann-Fragen« können an Ort und Stelle zu Ende erörtert werden, ohne dass eine längerfristige Gesprächs-unterbrechung (Vertagung) zur Durchführung von Berech-nungen erforderlich ist.
- Weniger Vertagen bedeutet weniger Zeitbedarf für Konferenzen und die Konferenzvorbereitung.
- Das Vorab-Schätzen kann zum Teil durch sofortiges Rechnen präzisiert werden. Auch hier ist zum Rechnen kein Vertagen mehr nötig.
- Mit dem gesprächsbegleitenden Tippen kann ein Plausibili-täts-Check der angedachten Alternativen vorgenommen werden (z. B. Iso-DB-Betrachtungen).
- Es entstehen weniger Medienbrüche. Die während des Gesprächs erfassten Daten können unmittelbar in ein sofortiges Ergebnisprotokoll übernommen werden, das durch andere Protokolltypen für qualitative Größen ergänzt wird.
- Eine Dokumentation der Ergebnisentwicklung während des Gespräches könnte als Standard of Performance (SOP) für den Controller dienen.
- Allgemein: Der PC wirkt im gesprächsbegleitenden Einsatz in doppelter Weise als Kommunikationskatalysator (-beschleuniger), da er
  1. die Gesprächszeit zur Findung einer realistischen Lösung verkürzt bzw. intensiver nutzt und
  2. das Kommunikationsklima auf der personenbezogenen Ebene durch seine Sachorientierung »sauber« hält.

Personenbezogene Ergebnisse

Der g-PC-E hat nicht nur auf die inhaltlichen (sachlichen) Aspekte eines Themas Einfluss, sondern auch auf personenbezogene Aspekte. Damit sind die Einstellungen und Verhaltensweisen einzelner, für sich und im Miteinander des Teams, gemeint.

Speziell für den Controller kann der g-PC-E Vorteile mit sich bringen, die sowohl dem Sachergebnis dienen als auch der personenbezogenen Rolle und Akzeptanz des Controllers in der Gesprächsrunde. Durch den g-PC-E ist die Funktion des »flippenden« Controllers zunächst das Festhalten von offenen Punkten, Prämissen und Zwischenergebnissen am Flipchart. Damit »behütet« er gleichsam die Aussagen der Manager, für diese einsehbar, vor dem Verlorengehen und dem Vergessenwerden. Funktional muss der **Controller am Flipchart** stehen, damit diese Vorgehensweise gelingt. Er hat somit ein »**Telling-Why**« für die Manager, um seinen Sitzplatz zu verlassen. Dieses anlassorientierte Verlassen des Sitzplatzes bietet jetzt dem Controller die Chance, in die zielführende Moderationsfunktion zu gelangen, auch wenn die eher hierarchische Leitungsfunktion für das Gespräch bei einem anderen Gesprächsteilnehmer liegt.

Generell fördert der g-PC-E die Bereitschaft der Teilnehmer, gemeinsam und bereichsübergreifend in Alternativen zu denken, eine quasi konstitutive Voraussetzung für einen **funktionierenden Controlling-Prozess**. Gruppensprecher verlassen im Seminar während des Gesprächs ihren Standpunkt, obwohl er von den einzelnen Gruppen in einer mehrstündigen Sitzung erarbeitet wurde, zugunsten einer übergeordneten besseren Lösung, die sie während des Gesprächs mittels PC-Einsatz sofort einsehen konnten. Besonders deutlich tritt diese Bereitschaft bei der Betrachtung von Engpässen hervor: der einseitige Bereichsprotektionismus wird durch interdisziplinäres Denken ersetzt, so dass sich ein Gesamtoptimum ergibt. Das Gesamtoptimum ist dabei keine rechnerische Größe, sondern eine personenorientierte Führungsgröße (Führung durch Ziele). Sie ist das gemeinsam mit den Teilnehmern gefundene Ziel, das herausfordernd (anspruchsvoll) und erreichbar sein soll. Der g PC-E empfiehlt sich geradezu für den Einsatz in der Unternehmensplanung, dem Treffen von Entscheiden, die Ziel-Charakter haben, da:

- alle Gesprächsteilnehmer die Berechnungen selber mitgestaltet und miterlebt haben,
- entscheidende Daten oder der Druckbefehl für das PC-Protokoll vom Verantwortlichen – quasi als symbolischer Akt – eigenhändig mit der Tastatur eingetippt werden können,
- ein sofortiger Ausdruck eines objektiven Protokolls das Ergebnis für alle einsehbar und verbindlich macht.

Beobachter, die derartige Einigungsprozesse miterleben, ohne in sie eingebunden zu sein, empfinden die Einigungen manchmal als ein »rechnerisches Hintrimmen«. Auch mag der g-PC-E nicht in das Gesprächsbild eines jeden Chefs passen. »Ich als Chef will mich nicht zwingen lassen, in ein solches Gerät zu schauen. Mir geht es um die Maßnahmen!«, sagte einmal ein Chef. In dieser Äußerung spiegelte sich die Befürchtung wider, hier werde nicht seriös geplant. **Direkt am Lösungsprozess beteiligte Mitarbeiter,** die später auch für die Ausführung verantwortlich sind, empfinden dagegen selten einen negativen Beigeschmack bei dieser Vorgehensweise. Für sie ist der g-PC-E eine Hilfe und die Einigung eine schlüssige Verhaltensweise, die sich aus dem Prozess der Entscheidungsfindung ergibt, in den durchaus auch neue Maßnahmen mit vielleicht eher globalen Werten eingehen können.

Die gezeigte positive Verhaltensänderung ergibt sich daraus, dass der PC beim gesprächsbegleitenden Einsatz die Gesprächsteilnehmer durch den Bildschirm schneller ins rechte Bild setzt und die Bildung von themenorientierten Arbeitsnestern vor dem Bildschirm fördert. Nebeneinander stehend oder sitzend erläutern oder variieren die Gesprächsteilnehmer dabei ihre einzelnen Daten und sehen, was mit ihren Daten gemacht wird und welche Ergebnisauswirkungen die erwogenen Veränderungen haben.

Auch theoretisch lassen sich die gewonnenen Erkenntnisse aus unterschiedlichen Richtungen bestätigen, wobei das eine oder andere Argument auch etwas spekulativ sein mag:

Frederic Vester beschreibt in seinem Buch »**Denken, Lernen, Vergessen**« Regeln der Lernbiologie. Die Regeln lauten auszugsweise:

a) viele Eingangskanäle beim Empfänger nutzen,
b) Lernziele erkennen,
c) Skelett vor Detail,
d) Interferenzen vermeiden
e) Neugierde erzeugen,
f) Arbeitsspaß,
g) dichte Verknüpfung der Informationen

Der g-PC-E unterstützt diese Regeln in folgender Weise

zu a): neben dem Hören beim Gespräch wird durch das Schauen in den Bildschirm auch das (Ein)sehen gefördert.
zu b): das Ziel einer Besprechung muss vorher bekannt sein.
zu c): es geht zunächst darum, die Eckpfeiler eines Budgets und deren Verbindungen darzustellen. Es ist daher eher – relativ zur Gesprächsebene – mit Eckwerten zu arbeiten. Eine Detaillierung erfolgt in Einzelgesprächen.
zu d): Zusatzinformationen bzw. Variationen über dasselbe Thema vermeiden; eine Alternative zu Ende rechnen und mit anderen verknüpfen, bevor neue Überlegungen angestellt werden. Das kann erst durch den g-PC-E operabel ermöglicht werden.

zu e und f): sehen, wie sich Änderungen auf das Ergebnis auswirken, und den Spaß, zusammen mit anderen ein Ziel erreicht zu haben.

zu g): durch »wenn ... dann-Fragen« die dichte Verknüpfung und hohe Ergebnissensitivität einzelner, zunächst als nebensächlich empfundener Elemente mit dem Ergebnis aufzeigen.

Auch lassen sich Erkenntnisse der Transaktionsanalyse (TA) zur Interpretation heranziehen (E. Berne, »Spiele der Erwachsenen«, Hamburg 1967, und Thomas A. Harris, »Ich bin okay – Du bist okay«, Hamburg 1975). In der TA wird u. a. festgestellt, dass auf Wertungen (bloß, nur etc.) und Ver- bzw. Gebote (sogenannte »Du-Botschaften«) des kritischen Eltern-Ichs eines sendenden Gesprächsteilnehmers der empfangende Gesprächspartner mit Bocken, Trotzen, Resignieren oder anderen stark emotionalen Reaktionen seines Kindheits-Ichs reagiert. Die Gefahr solcher »Spiele der Erwachsenen« ist besonders stark, wenn die Kommunikation personenorientiert ist. Eine »Face-to-Face-Kommunikation« ist z. B. personenorientiert. Diese Gefahr wird auch in einem Satz deutlich, den wahrscheinlich schon jeder einmal gehört hat: »Das wagen Sie, mir ins Gesicht zu sagen?« Genau das ist der Ansatzpunkt für die **themenzentrierte Interaktion** (TZI). Bei der TZI, die wir beim g-PC-E haben wollen, wird das visualisierte Thema in den Mittelpunkt gestellt. Die Teilnehmer sind nebeneinander dem Thema zugewandt. Damit bildet das Thema automatisch auch den Mittelpunkt der Gespräche. Kommt es dennoch einmal zu einer Verbalinjurie, so war sie gegen das Thema und nicht direkt und persönlich gegen einen Kollegen gerichtet. Das Thema wirkt puffernd und verhindert damit starke Reaktionen.

Einsatzgebiete für den g-PC-E in der Controller Funktion

Einerseits erfolgt im Verlauf der Jahresplanung die Erfassung und Abstimmung der Primärdaten für die KST- und Ergebnisrechnung zunehmend über den PC. Hier liegt auch der Schwerpunkt der PC-Anwendungen in der Controller-Funktion: die Plan- und Erwartungsrechnungen mit

- Skeleton-Charakter,
- Betrachtungen auf aggregierter Ebene,
- projektbezogenem Datenvolumen.

Besonders geeignet ist die operative Mehrjahresplanung für g-PC-E, in welcher der Controller mit seinem PC als Zielfindungsbegleiter wirkt. Um diese Funktion wahrzunehmen, bedarf es einer der perspektivischen Betrachtung entsprechenden Aussageform, die, im PC dargestellt, folgende Struktur aufweisen kann:

	1. Jahr	2. Jahr	3. Jahr
Marktvolumen	4.000	4.200	4.410
Marktanteil	30 %	33 %	35 %
Absatzmengen	1.200	1.386	1.544
Preis/Einheit	28.000	28.000	28.000
Proko/Einheit	18.000	17.900	17.800
DB/Einheit	10.000	10.100	10.200
	T€	T€	T€
Umsatz	33.600	38.808	43.218
Proko Absatz	21.600	24.809	27.474
DBI	12.000	13.999	15.744
Promotion/ Entw.-			
Kosten	6.200	6.200	6.200
DBII	5.800	7.799	9.544

Abb. 1.7: Budget-Beschluss nach dem gesprächsbegleitendem PC-Einsatz

Weitere Anwendungsmöglichkeiten, die in den folgenden Kapiteln näher dargestellt werden, ergeben sich in Form von »Wenn ... -dann ... -Analysen« im Berichtswesen und in der Investitionsplanung. Auch als Instrument der Überzeugungsarbeit kann der PC im Zusammenhang mit einer ROI-Baum-Darstellung eingesetzt werden.

Ein besonderes Anwendungsgebiet ergibt sich für den gesprächsbegleitenden PC-Einsatz, wenn eine Planung noch nicht vollends abgestimmt ist. In diesem Fall gibt es zwei Möglichkeiten: 1. die Rückdelegation an die Fachabteilungen zur Abstimmung und 2. »den Dissens zur Kultur machen«. Gerade in dieser Situation ist die Belastbarkeit einer Entscheidung besonders gut für einen Verantwortlichen zu spüren. Wie ist die Entscheidung jetzt – bei quantifizierbaren Größen – unter Einsatz des PC gemeinsam zu richten? Auch die Veränderbarkeit/Beeinflussbarkeit von Kosten ist zu diesem Zeitpunkt größer. Daher sollte der Controller, mit dem gesprächsbegleitenden PC-Einsatz und dessen Möglichkeit zur schnellen Ergebnisvisualisierung, speziell im »Zeugungsstadium« von Entscheidungen und Budgets zum Einsatz gelangen und nicht erst in der »Geburtsphase«, wenn die Würfel gefallen sind!

Praxisbeispiele

Auf den nächsten Seiten sind mehrere erlebte Praxisbeispiele des gesprächsbegleitenden PC-Einsatzes dargestellt. In diesen Situationen wirkt der PC nicht nur als Rechenknecht, sondern insbesondere auch als Kommunikationskatalysator indem,

- durch den PC-Einsatz der Prozess der Problemlösung durch schnelle Ergebnisse beschleunigt wird;
- der PC als visuelles Ziel positioniert wird, wodurch das Nebeneinander gefördert und eine Konzentration auf das Thema stattfindet.

Beispiel 1

Während dieser Fallstudie in einem firmeninternen Controlling-Seminar schauten die Gesprächsteilnehmer dabei auf ein Ensemble von Personal-Computer (PC), Flipcharts und Pinnwänden, die Vorschläge der verschiedenen Funktionsbereiche für das zu beschließende Jahresbudget beinhalteten.

Das **optimale Budget – herausfordernd und erreichbar –** ergab sich dabei erst durch die simultane Integration der Teilpläne mit den jeweils Zuständigen. Genau diese Szene ist auf diesem Foto zufällig von einem Seminarteilnehmer festgehalten worden.

Dem gesprächsbegleitenden PC-Einsatz kam dabei eine besondere Bedeutung zu, indem er half, quantifizierbare Lösungsansätze sofort zu rechnen, Auswirkungen auf andere Teilbereiche und das Ergebnis zu zeigen sowie Entscheidungen zu treffen.

Abbildung 1.8: Themenzentrierte Interaktion an PC und Flipchart (im Blickpunkt der Gesprächsteilnehmer)

Wie anziehend die Behandlung dieser Fragestellungen am PC sein kann, möge dieses Foto dokumentieren. Jeder Gesprächsteilnehmer möchte selber die Einsicht haben, d. h. sehen und verstehen, wie sich das Ergebnis durch seine Zahlen in Kombination mit anderen Maßnahmen verändert.

Ermöglicht wurde diese Ergebnistransparenz durch die tippende Controllerin. Sie löste die Sitzordnung auf und motivierte die Manager zum »Stehempfang« beim PC, da die Manager gerne selber sehen wollten, ob und wie ihre Zahlen, mit welchen Auswirkungen in die Berechnungen eingegangen waren.

Beispiel 2

Diese zweite Darstellung schildert für ein Dienstleistungsunternehmen die Möglichkeit, wie der Personal-Computer, wenn er als Organisationsmittel in der Methode der themenzentrierten Interaktion eingesetzt wird, Verhaltens- und Einstellungsänderungen bewirken kann, so dass sich bei der Budgetierung nicht »warm angezogen« wird (= Verhalten) und Controlling nicht als Kontrolle empfunden wird.

Innerhalb dieser Firma wurde im Rahmen der Einführung einer Vertriebs-Controlling-Konzeption zunächst eine Einführungsveranstaltung zu den Zielen und Inhalten eines Vertriebscontrollings für die Vertr.-Mitarbeiter des Innen- und Außendienstes gehalten. Diese Veranstaltung war vom Timing einer Jahresbudgetrunde vorangestellt, in der bereits erste Controlling-Ansätze mit einfließen sollten. Ein Jahr später wurde wiederum ein Planungs-Workshop durchgeführt. Die Absicht war, mit dieser Veranstaltung insbesondere einen »Trockenlauf« für die nächste Planungsrunde, mit den inzwischen neu geschaffenen Controlling-Tools, durchzuführen und diese auf ihre Praxistauglichkeit und Akzeptanz zu testen. Der Workshop begann mit einer Plenumsrunde, in der die einzelnen Perspektiven einer Vertriebsplanung dargestellt und in einen Kontext gesetzt wurden. Der Themenkreis reichte vom Kunden-Portfolio bis zum Kostenstellenbudget und wurde durch die jeweiligen Planungsunterlagen dieser Firma konkretisiert. In einer zweiten Runde wurde den Teilnehmern ein von der Geschäftsleitung gewünschtes DB-Ziel mitgeteilt, das zunächst hinsichtlich seines Anspannungsgrades als sehr ambitioniert empfunden wurde. Nach Bekanntgabe dieser Top-Down-Zielsetzung wurden »Nester« gebildet, in denen jeweils der Regionalleiter mit seinen Mitarbeitern und ein sie begleitender Controller versuchten, für diese Region innerhalb eines halben Tages einen Jahresvertriebsplan zu erstellen. Die Gruppen waren jeweils mit Flipcharts, einer Pinnwand, auf der sich ein strateg./operatives Ergebnis-Konsolidierungsformular befand, einem PC, einer OLAP-orientierten Planungssoftware und einem Drucker ausgestattet. Die OLAP-orientierte Planungssoftware, war ein weiteres Novum in der Vorgehensweise. Nachdem die Regionalleiter in der Projektphase dieser Softwareeinführung involviert gewesen waren, wurde diese Planungssoftware innerhalb des Workshops erstmals den Außendienstmitarbeitern am »lebenden Fall« demonstriert. Die Intention bestand darin, mit dieser Software innerhalb des Workshops ein Vertriebsbudget zu erstellen. Dabei sollte der Schwerpunkt der Aktivitäten auf der integrierten Anwendung operativer und strategischer Verfahren liegen. Es war von der Geschäftsführung ausdrücklich betont worden, dass die zu erarbeitenden Budgets nicht automatisch die Zielvereinbarung für das nächste Jahr darstellen sollten. Es sei ein »Probelauf« für die Instrumententauglichkeit.

Das Controller-Team hatte im Vorfeld dieses Workshops die Vertriebsdaten der vergangenen drei Jahre in das System eingespielt, um »Aha-Effekte« des Wiedererkennens und der Akzeptanz zu erzeugen. Während des Workshops wirkten die Controller als Begleiter in den »Nestern«. Jedes »Nest« hatte einen zuständigen regionalen Controller, der die Systeme erklärte, Zahlen für die Vertriebskollegen in den PC tippte, Ergebnisse auf der Pinnwand festhielt, Verbindungen zu strateg. Zielen herstellte und koordinierend zur Personal- und Marketingplanung wirkte – zusammengefasst: das Controller-Team praktizierte die Controlling-Schnittmenge in der Budgetphase.

Innerhalb der Teams wurden Absatzpläne, Werbemaßnahmen und Personalpläne erstellt. Durch den PC-Einsatz konnten sofort die Ergebnisauswirkungen beobachtet werden. Teilweise wuchs das Interesse der Regionalleiter sogar so stark, dass einige darauf bestanden, selber die Zahlen in den PC einzugeben.

Während der nächsten Runde dieses Workshops erfolgte **das gegenseitige** »sich ins Bild setzen«. Die einzelnen Regionen präsentierten ihre Ergebnisse anhand der Konsolidierungsformulare den anderen Regionen innerhalb einer Plenumsrunde. Auch hier ging es um Verständnisarbeit um den egoistischen Wettbewerb zwischen den Regionen zu überwinden. Die Politik des Informationsvorbehaltes sollte z. B. in eine Informationsbörse transformiert werden., nach dem Motto: »Was haben die ‚Süd-Kollegen‘ vor? Ist davon auch etwas für den ‚Norden‘ brauchbar«?

Der Controller konsolidierte die Regionenergebnisse und – die Überraschung war groß – die unabhängig voneinander »bottom up« erarbeiteten Regionenergebnisse erreichten das als sehr anspruchsvoll empfundene »Top-Down-Ziel« bis auf einen verblüffend geringen Rest. In diesem Moment der staunenden Stille hinein sagte der Vertriebsleiter Nord, der »Platzhirsch« im Raum: **»Das ist es! Dabei bleibt es für die (endgültige) Planung! Jungs, schickt mir diese Flipcharts nach!«**

Wie reagieren, wenn es »schief läuft«?

Was getan werden kann, wenn es einmal »schief läuft« möge ein letztes Beispiel zeigen: Ein Vorstand eines deutschen Großkonzerns avisiert seinen Besuch in einer Produktionsstätte dieses Konzerns und wünscht für die Gespräche mit den Bereichsleitern den gesprächsbegleitenden PC-Einsatz. Ein Controller des Werkes bereitet das gesamte PC-Equipment vor und testet auch die Einsatzbereitschaft der Geräte am frühen Morgen vor dem Besuch. Alle Geräte funktionierten bei diesem Test einwandfrei – inklusive einer Beamerprojektion. Als der Vorstand seinen Ankündigungen Taten folgen lassen wollte und die Visualisierung einer gesprächssimultanen Berechnung mit dem PC wünschte, gelang die Präsentation per Beamer nicht. Er fragte den Controller, ob die Daten am PC-Bildschirm zu sehen seien. Der Controller bejahte diese Frage, worauf der Vorstand die anwesenden Bereichsleiter aufforderte, ihm zum PC zu folgen, um sich die Berechnungen anzuschauen. Trotz (oder wahrscheinlich eher sogar wegen) des »**Medienabsturzes**« muss dieser Tag ein voller Erfolg für alle Beteiligten gewesen sein, da, wie mir der »tippende« Controller berichtete, inzwischen mehrere Bereichsleiter auf ihn zugekommen sind und um seine Unterstützung mit dem gesprächsbegleitenden PC-Einsatz in ihren eigenen Sitzungen gebeten haben. Dem Vorstand war das Beispiel gelungen, aus einer Not eine Tugend zu machen: nebeneinander in den PC schauen.

Das »Online-Protokoll«

Eine weitere Variante des gesprächsbegleitenden PC-Einsatzes ist das »Online-Protokoll« . In Gesprächen führt ein Teilnehmer entsprechend dem nachfolgenden Muster das begleitende Maßnahmenprotokoll in Stichworten. Zum Gesprächsende wird das Protokoll noch einmal in von allen Beteiligten (per Beamer) angeschaut und umgehend (innerhalb von wenigen Minuten) per E-Mail an die Zielgruppe verteilt.

Abbildung 1.9:
Gesprächsbegleitendes
Dokumentieren

Online Protokoll	PC Garne und Schnüre - Gesprächsnotiz -	Strategie AG

Thema	Budget-Sitzung		

Verfasser	M. Grotheer	Erstellungsdatum	6.10.20XX
Termin	17.12 Uhr	Besprechungsort	Gauting

Teilnehmer	Frau VV	Verteiler	Frau VV
	Frau Schnüre		Frau Schnüre
	Herr Garne		Herr Garne
	Herr Einkauf		Herr Einkauf
	Herr Zentrale Technik		Herr Zentrale Technik
	Herr Controller		Herr Controller
	Herr Controller-Assi		Herr Controller-Assi

Aufnahme Art 1 als Handelsware:	Zuständig: Herr Garne	End-Termin: Ab sofort

Artikel 1 zeigt keinen spürbaren Wettbewerbsvorteil mehr. Insofern geht beim Zukauf-Entscheid kein Potential verloren. Gleichzeitig entstehen in der produktionsseitigen Engpaß-Situation freie Kapazitäten, die für Produkte mit höherem DB je Arbeitsstunde genutzt werden können. Es ist aber ständig zu beobachten, ob die Qualität des Zukaufs der eigenen Qualität entspricht und ob unserer Lieferant die Zulieferungen nicht als Argumentationsbasis für eigenen Vertriebsaktivitäten in unserem Markt nutzt.

Zusatzgeschäft Art 1:	Zuständig: Herr Garne	End-Termin: Ab sofort

Da für Art. 1 ein Bezugsentscheid als Handelsware getroffen wurde, bestehen freie Kapazitäten für diesen Artikel. Da das Zusatzgeschäft einen positiven Deckungsbeitrag erwirtschaftet, ist dieses Geschäft ökonomisch zu befürworten.

Preiserhöhung Art. 3:	Zuständig: Herr Garne	End-Termin: nächster Preislistenwechsel

Die Potentialanalyse für Art. 3 hat ergeben, dass wir aus Kundensicht einen Wettbewerbsvorsprung besitzen. Dieser Sachverhalt wurde auch durch eigene Analysen im Vertriebsteam bestätigt. Insofern wird eine Preiserhöhung auf 11,50 € zu nächsten Preislistenwechsel vorgenommen.

Frankreich-Expansion Art B:	Zuständig: Frau Schnüre	End-Termin: Ab Mai 20XX +1

Der Co-Operationspartner für Frankreich wurde gefunden. Ein neuer Mitarbeiter zur Unterstützung des Markteintritts ist in Paris einzustellen. Bei der Verkaufspreisfindung ist die Möglichkeit/Gefahr von Re-Importen zu berücksichtigen.

Neuer Artikel in Sparte B:	Zuständig: Frau Schnüre	End-Termin: Feb. 20xx +1

Für den neuen Artikel ist von Frau Schnüre zunächst ein Business Case über 3 Jahre unter Berücksichtigungen von Veränderungen bei den Investitionen und im Working Capital zu erstellen.

Abbildung 1.10: Das »Online-Protokoll«

Gesprächsbegleitende Protokolle mit dem DigiMemo (elektronischer Block)

Wem es zu unhandlich ist, gesprächsbegleitende Protokolle über die Tastatur mit Excel oder Word zu erfassen, für den mag vielleicht das DigiMemo eine passende Alternative darstellen. Beim DigiMemo werden während eines Gespräches handschriftlich Notizen auf einem DIN A4 Blatt erfasst, das sich auf einer in etwa gleichgroßen Unterlage befindet. Der Kugelschreiber enthält einen Sender, der die handschriftlichen Aufzeichnungen während des Gespräches an einen elektronischen Empfänger überträgt, der sich in der Unterlage befindet, auf der das DIN A4-Blatt befestigt ist. Dieser elektronische Empfänger sendet die erhaltenen Informationen über einen USB-Anschluss an einen PC, von wo sie über einen Beamer schließlich an eine Leinwand projiziert werden können. Das DigiMemo wirkt also wie ein Overhead-Projektor, nur in diesem Fall mit Block, Kugelschreiber, elektronischer Schreibunterlage, PC und Beamer. Somit lassen sich Mitschriften und Skizzen bei einem Gespräch sofort visualisieren und als Protokoll digitalisieren.

Insbesondere bei technischen Besprechungen ist es vorteilhaft, einzelne Elemente in den Notizen/Entwürfe als Objekte zu markieren, die dann wiederum in andere Dokumente eingefügt werden können.

Abbildung 1.11: elektronischer Block

Der »Flüssige-Mittel-Fall«

▬▬▬▬▬▬▬▬▬▬▬▬▬▬▬▬▬▬▬▬▬▬▬▬▬▬▬▬▬

In diesem Kapitel wird am Beispiel der **Fallstudien-Unternehmung »Budget GmbH«** die Entwicklung einer Managementerfolgsrechnung (MER) und der Überführung in eine Plan-GuV bzw. Plan-Bilanz mit Hilfe von MS-Excel und einem PC gezeigt.

Die »Budget GmbH« ist nach § 267 HGB eine große Kapitalgesellschaft. Sie besteht bislang aus den Sparten »Schweißmaschinen« und »Schokolade«. Dieses heterogene Programm entstand durch eine frühere Fusion zweier Firmen der Inhaberfamilie.

Zur Sparte Maschinenfabrik

Die Maschinensparte erstellt und vertreibt elektrische Schweißmaschinen, speziell Punktschweißmaschinen für die Automobilindustrie und Kontaktschweißmaschinen für die Elektroindustrie. Die Herstellung wird größtenteils als Serienfertigung durchgeführt, teilweise werden Sonderwünsche der Kunden als Einzelfertigung ausgeführt. Im laufenden Jahr wird ein Gewinn von 850 T€ und ein Umsatz von 12,5 Mio. € erwartet, der vorwiegend im Europageschäft erzielt wird. Bei Kontaktschweißmaschinen besteht auch im kleineren Umfang ein USA-Geschäft. Gerade bei diesem Maschinentyp weist die Budget GmbH einen technischen und servicemäßigen Vorsprung vor ihren Mitbewerbern auf. Die Nachfrage nach Maschinen des Typs, die u. a. zur Relaisfertigung benutzt werden, ist jedoch sinkend, da die Funktionen des Relais, wegen zu langer Schaltzeiten und des Verschleißes an den Kontakten, zunehmend von Mikroprozessoren übernommen werden.

Der Finanzbuchhaltung ist es über separate Buchungskreise möglich, die beiden organisatorisch selbständigen Sparten unter Berücksichtigung eines »Als-ob-Stammkapitals« quasi als selbständige GmbHs darzustellen, obwohl sie de facto keine eigene Rechtsform besitzen. Für die Maschinensparte, die in dieser Fallstudie exemplarisch von der MER zur Planbilanz durchgehend dargestellt ist, scheint schwieriges ökonomisches »Fahrwasser« angesagt zu sein. Signalisiert wird dieser Sachverhalt besonders durch die Bestandsentwicklung in der voraussichtlichen Schlussbilanz für das laufende Jahr, die der Eröffnungsbilanz des kommenden Planjahres entspricht. Hier sind Marktentwicklung und Kapitalbindung deutlich erkennbar, frei nach der Devise: »*Die Unvernunft trifft sich im Lager!*«

Maschinen-Sparte						
	Punktschweißm.		*Kontaktschweißm.*			*Gesamt*
	Leicht	*Schwer*	*Univ.*	*Spezial*	*Sonst.*	
Absatz	500	250	70	25	0	845
Produktion	700	350	122	35	0	1.207
VP/E	6.970	10.370	58.050	82.800	0	
Proko/E	4.000	6.000	25.000	52.000	0	
DB/E	2.273	4.370	33.050	30.800	0	
h/E	70	130	400	700	0	
S Fert.-h	49.000	45.500	48.800	24.500	0	167.800
DB/h	32	34	83	44	0	
	(T€)	*(T€)*	*(T€)*	*(T€)*	*(T€)*	*(T€)*
Umsatz	3.485	2.593	4.064	2.070	0	12.211
Proko Abs.	2.000	1.500	1.750	1.300	0	6.550
DB I	1.485	1.093	2.314	770	0	5.661
Promotion	0	0	0	0	1.400	1.400
DB II	1.485	1.093	2.314	770	-1.400	4.261
Spartenk.	*(incl. 2.4 Mio € ROI-Ziel)*					6.225
DB III						-1.964
Abw.						549
Betriebsergebnis der Maschinensparte						-1.415
Abstimmbrücke						
Fixkosten der Bestandsveränderung						1.350
Abschreibungsdifferenzen						-500
ROI-Ziel - effektive Zinsen + Ertragsteuern						1.260
Aktivierte Eigenleistungen						10
Zinserträge						50
Auflösung von Rückstellungen						100
Sonstige Erträge						100
Sonstige Steuern						-100
Jahresüberschuss der Maschinenfabrik						855

Abbildung 2.1: Voraussichtliches Ist der Maschinensparte zum Jahresende und Abstimmbrücke

Nebenstehend sind der voraussichtliche Jahresüberschuss (855 T€) und die erwartete Entwicklung der Fertigwarenbestände für die Maschinensparte zum Ende des laufenden Jahres dargestellt.

	Lagerzugang	Plan-Proko	Steuerl. HK (RL. 33 EStR)	BV Proko (TGE)	BV Steuerl. HK (TGE)
Leicht	200	4.000	5.700	800	1.140
Schwer	100	6.000	7.000	600	700
Universal	52	25.000	40.000	1.300	2.080
Spezial	10	52.000	65.000	520	650
Summe	362			3.220	4.570
Aktiv. Fixk BV					1.350

Abb. 2.2: Bestandsaufbau der Maschinensparte zum Ende des lfd. Jahres

Aus dem Bestandsaufbau an fertigen Erzeugnissen entsteht aufgrund gesetzlicher Vorschriften zur Bewertung dieser Position in der GuV eine Ergebnisverbesserung gegenüber der MER in Höhe von 1.350 T€, die als aktivierte Fixkosten der Bestandsveränderung an fertigen und unfertigen Erzeugnissen bezeichnet wird. Dieser Unterschiedsbetrag zwischen dem MER-Ergebnis und dem GuV-Ergebnis resultiert daraus, dass eine Bestandserhöhung an fertigen und unfertigen Erzeugnissen in der GuV als Ertrag auszuweisen und mit (vollen) Herstellungskosten zu bewerten ist. Damit wird das Ergebnis der GuV gegenüber der MER um T€ 1.350 höher, die Differenz zwischen der Bewertung des Bestandsaufbaues an fertigen Erzeugnissen in der GuV mit Grenz-/Produktkosten einerseits und mit vollen Herstellungskosten andererseits. Diese 1.350 T€ sind in der MER in ausschließlich in den Spartenkosten enthalten und werden in der MER, im Gegensatz zur GuV, nicht in den Ertrag eingerechnet, da Deckungsbeiträge erst durch den Verkauf und nicht schon durch die Produktion von Artikeln erzeugt werden. Diese Position steht in der Abstimmbrücke zwischen MER und GuV mit dem Vorzeichen »Plus«. Die GuV schleust diesen Teil der Strukturkosten (kurz: Struko) der Fertigung, die traditionell als Fixkosten der Fertigung bezeichnet werden, aus der Periodenrechnung des Jahres in dem die Fertigwarenbestände produziert wurden in die Periodenrechnung des Jahres, in dem die Bestände verkauft werden.

Zur Sparte Schokoladenfabrik

Das Programm der Schokoladefabrik folgt im wesentlichen dem »Leitbild«, alles zu machen, das Kakao als Rohstoff benötigt (Kakaostammbaum). Dementsprechend wurden fünf Produktlinien eingerichtet.

Vom Genre her könnte man das Programm der Budget GmbH im Schokoladensektor als »anspruchsvolle Markenschokolade« charakterisieren. Die Firma gehört zwar nicht zu den größten Unternehmen der Branche, aber zu den bekanntesten. Für das laufende Jahr wird bei einem Umsatz von 105,4 Mio. € mit einem Betriebsergebnis vor Zinsen und Steuern von 5,9 Mio. gerechnet, wie die nachfolgende Abbildung mit dem voraussichtlichen Ist der Schoko-Sparte zeigt.

Schokoladen-Sparte							
	Tafeln, massiv	Tafeln, gefüllt	Riegel	Pralinen	Sofort-Getränke	Sonstige	Gesamt
Absatz (t)	5.500	1.500	1.850	900	2.400	0	12.150
Produktion (t)	5.500	1.500	1.850	900	2.400		12.150
Preis/kg	7,70	7,31	10,20	26,20	4,00	0,00	
Proko/kg	4,46	3,75	5,07	18,04	2,32	0,00	
DB/kg	3,24	3,56	5,13	8,16	1,68	0,00	
h/t	50	100	80	220	40	0	
Tsd. Arb.-h	275	150	148	198	96	0	867
DB/h	65	36	64	37	42	0	
	(TE)	(TE)	(TE)	(TE)	(TE)	(TE)	(TE)
Umsatz	42.350	10.965	18.870	23.580	9.600	0	105.365
Proko Absatz	24.530	5.625	9.380	16.236	5.568	0	61.339
DB I	17.820	5.340	9.491	7.344	4.032	0	44.027
Promotion	5.000	900	5.600	6.200	1.600	0	19.300
DB II	12.820	4.440	3.891	1.144	2.432	0	24.727
Spartenkost.							18.850
DB III							5.877

Abb 2.3: Voraussichtliches Betriebsergebnis für die Schokoladensparte

Die erwartete Bestandsentwicklung der Fertigwaren für die Schokoladensparte zeigt sich wie folgt:

Artikel	BV Steuerl. HK (T€)
Taffeln, massiv	3.500
Tafeln, gefüllt	1.000
Riegel	750
Pralinen	250
Kakao-Sofortgetränke	500
Summe:	6.000

Abbildung 2.4: Voraussichtlicher Lageraufbau an fertigen Erzeugnissen für die Schokoladensparte, bewertet mit Herstellungskosten

Spartenplanung

Aus der strategischen und operativen Mehrjahresplanung abgeleitet, wird die operative Jahresplanung mit dem Planungsbrief eingeleitet, der z. B. Hinweise auf das ROI- oder EBIT-Ziel, die allgemein zu planenden Tariferhöhungen und bestimmte Strukturkostenlimitationen enthält.

Innerhalb der Sparten erfolgt »bottom up« die Planung der Spartenbudgets: Preis- und Mengenplanung des Absatzes sowie die Maßnahmenplanung und Bewertung zur Ermittlung der Produkt- und Strukturkosten. In dieser Phase begleitet der Spartencontroller mit seinen »Tools« seine Sparte, sorgt dafür, dass jeder Budgetverantwortliche innerhalb der Sparte die wirtschaftlichen Auswirkungen seines Handels und den Grad der Zielerreichung selber (physisch am Bildschirm) sehen kann.

Absatzplan

Im Rahmen dieser Fallstudie wird, von den Zielsetzungen und Strategien ausgehend, zunächst eine kunden- oder regionenorientierte Preis-Absatzplanung durchgeführt, die auch Promotionsmaßnahmen berücksichtigt. Bereits an dieser Stelle bietet sich der PC als Instrument zum Erfassen, zur Simulation und zur Betrachtung von Alternativen an (»Wenn ... dann ...-Fragen«). Der Spartencontroller geht mit seinem Notebook zum (regionalen) Verkaufsleiter, der situativ von einem Produkt-Manager unterstützt sein kann, um z. B. die A-Kunden dieser Region detailliert – und die übrigen Kunden vielleicht etwas pauschaler – zu planen. Er schaltet, neben dem Verkaufsleiter sitzend, sein Notebook an, startet eine bestimmte Anwendung und sagt zum Verkaufsleiter, wobei er auf den PC-Bildschirm zeigt: »Das ist jetzt das noch nicht fertige Planungsformular für den A-Kunden »XY«. Da sind jetzt von uns gemeinsam die Mengen, Preise und Konditionen einzutragen, die Sie im nächsten Jahr bei diesem Kunden erreichen möchten!« Das psychologisch Interessante dieser Situation besteht darin, dass eigentlich nicht der Controller den Verkaufsleiter zur kundenorientierten Planung auffordert, sondern das (Planungs-) System tut dieses, das in der PC-Anwendung enthalten ist.

In einer zweiten Darstellung dieser Situation könnte der Controller, dem Verkaufsleiter gegenübersitzend, die oben genannte Frage stellen. Bereits die Sitzordnung lässt dieses Gespräch personenzentriert werden. Dadurch erhält die Beziehungsebene zwischen den Gesprächspartnern eine wesentlich größere Bedeutung als die Sachebenen und das Gespräch wird damit dem größeren Risiko ausgesetzt, auf der Beziehungsebene »auszurutschen«: Die Folgen sind fast immer nachhaltig. (Checkfrage: Schauen Sie im Fahrstuhl Menschen, die nicht gerade mit Ihnen befreundet sind, gerne in deren Gesicht? Oder gehören Sie auch zu den Menschen, die zusammenzucken und möglichst schnell zur Decke oder zum Boden schauen, wenn sich im Fahrstuhl Ihr Blick mit dem Blick eines anderen unverhofft trifft?)

Nichts gegen eine gute Beziehungsebene. Im Gegenteil! Kann ich daher als Controller den sicheren Weg gehen, indem ich den PC einsetze, das System fragen lasse und **dem Manager die Möglichkeit zum Self-Controlling gebe?** Der Controller würde in diesem Fall der Verkaufsplanung die Begleiterfunktion am PC übernehmen. Damit wird das zeitnahe, themenzentriert gestaltete, persönliche Gespräch zur Voraussetzung für die Vorgehensweise im Planungsprozess.

In einer dritten Version dieser Einstellung könnten der Verkaufsleiter und seine Mitarbeiter selbstverständlich das Budget auch für sich im »Self-Brainstorming« erarbeiten. Dem Spartencontroller wird das Verkaufsbudget per E-Mail zugeschickt. Das wäre aber nicht Controlling in unserem Sinn, da der Spartencontroller, wenn er seine Sparringspartnerfunktion wahrnehmen will, das Budget jetzt, nachdem es bereits im Konsens der Vertriebsmitarbeiter verabschiedet worden ist, noch einmal im Nachhinein zum Thema machen muss. Damit macht er – psychologisch betrachtet – aus der Sicht der Vertriebsmitarbeiter »Vergangenheitsbewältigung« und kann damit sehr leicht in die Rolle des Kontrolleurs geraten, der den anderen nicht glauben will und alles besser weiß. Zusammenfassend bietet gerade der PC durch folgende Aspekte die Möglichkeit, in dieser Budgetrunde effizient zu arbeiten:

Themenzentriert

Das Thema im PC ist der physische Mittelpunkt, wobei Zwischenergebnisse, z. B. auf einem Flipchart, festgehalten werden. Durch diese räumliche Zentrierung des PC wird eine Verstärkung der Sachebene erreicht.

Sparringspartnerfunktion

Das themenzentrierte Arbeiten ist eine Voraussetzung, um diese Sparringspartnerfunktion wahrnehmen zu können, die sich sehr stark im Betrachten von Alternativen zeigt. Gerade dieser Aspekt des Betrachtens von Alternativen unterstützt der PC-Einsatz in der Planungsphase. Der PC zeigt unmittelbar die Ergebnisauswirkung einer Alternative. Damit ist einerseits »Zeitnähe« erreicht. Der andere Aspekt der Nähe ergibt sich dadurch, dass der Controller diese Sparringspartnerfunktion um so leichter ausüben kann, je unmittelbarer er sich an der Findungsquelle der Budgetmaßnahmen befindet, wo noch die eine oder andere Zahl eher global geäußert wird oder noch mit Fragezeichen versehen ist. Gerade auch für diese Phase des Skeleton-Budgets eignet sich der PC-Einsatz aufgrund seiner Flexibilität hervorragend.

Kostenstellenplanung

Zur Kapazitätsplanung – als Einstieg in die analytische Kostenstellenplanung – wird für jede Bezugsgröße einer Kostenstelle eine Plankapazität ermittelt, indem je Artikel die Plan-Produktsmengen mit den in den Arbeitsplänen je Mengeneinheit vorgesehenen Bedarfen an Mitarbeiter- oder Maschinenzeiten pro Kostenstelle multipliziert werden.

Das KST-Budget sollte, ebenso wie das Absatzbudget, gemeinsam von KST-Leiter und Spartencontroller erarbeitet und eingegeben werden. Gerade in dieser hier beschriebenen Form lässt sich die analytische KST-Planung als eine Art »permanente Gemeinkostenwertanalyse« durchführen.

Sicherlich orientieren sich inzwischen alle großen DV-gestützten Kostenstellenrechnungssysteme an einer Benutzerfreundlichkeit durch Dialogunterstützung und kurze Transaktionszeiten. Dennoch kann es unter Umständen nützlich und zeitsparend sein, Kostenstellenplanungen über den PC zu erfassen und bestimmte Kumulations- oder Abstimmprozesse bereits in dieser Vorverarbeitungsphase – quasi auf dem »kleinen Dienstweg« – durchzuführen, um sie dann in eine zentrale Anwendung zu exportieren.

Die Darstellung einer Planung der Kosten einer Fertigungskostenstelle könnte wie folgt aussehen:

Kostenstelle: 997			
Leistungsart: Tonnen (t)		Plan-Leistungsmenge: 4.000	
Kostenart	Bezeichnung	Produktkosten	Strukturkosten
490002	Hilfsstoffe	4.000,00	
490004	Strom	4.000,00	
490007	Fert.-Lohn	12.000,00	
490008	Gehalt		10.000,00
490018	Betr.-Stoffe	4.000,00	
490021	Werkzeuge	3.000,00	1.000,00
490050	Sonstige Kosten		12.000,00
490090	Kalk.Kosten	4.000,00	9.000,00
	Summe	31.000,00	32.000,00
	Kostensatz	7,75	8,00

Abbildung 2.5: Aufbau einer KST-Planung

Plan-Kalkulation (Kostenträgerstückrechnung)

Ebenso wie die KST-Rechnung ist die Kalkulation in Abhängigkeit von der Fertigungstiefe und der Sortimentsbreite in Industrieunternehmen zumeist als Anwendung in ERP-Systemen konzipiert. In ihr müssen für Halb- und Fertigfabrikate die Mengengerüste »Arbeitsplan« und »Stückliste« mit Einstandspreisen, Fertigungskostensätzen, Produktkosten der Halbfabrikate und Ziel-DBs für Strukturkostendeckung bewertet werden. Eine mögliche Gefahr dieser Systeme besteht jedoch darin, dass Verkaufspreise von den Kosten her gerechnet werden. Dabei ist die Kalkulation zunächst als kostenbegründeter Einstieg in die Preiszielfindung zu sehen. Aufgabe des Spartencontrollers bei der Verkaufspreisfindung ist das Rechnen und Verhandeln. Die kostenbegründete Kalkulation ist seine rechnerische Eintrittskarte in das simultane Gespräch mit dem Verkauf, der Entwicklung, der Produktion und dem Marketing. Auch für diese Fragen der Kalkulation ist der PC-Einsatz eine wertvolle Hilfe. Wenn es um eine produktbezogene Wertanalyse oder die Einführung eines neuen Produktes geht, können durch eine fallweise Kalkulation auf dem PC gleichzeitig die Anforderungen der einzelnen Funktionsbereiche dargestellt und auf ihre Ergebnisauswirkungen betrachtet und beschlossen werden.

Die Bildschirmdarstellung einer Plankalkulation mit einer Standardsoftware könnte wie folgt aussehen: Der Produktkostensatz von 4.160 €/t ist in der folgenden Abbildung ebenfalls zu sehen.

Plan-Kalkulation: "Schokoladetafeln massiv"		
Plan-Menge: 1000 kg		
	Produktkosten	**Strukturkosten**
Rohstoffe	3.000,00	
Ausstattung	500,00	
Arbeitsstunden	500,00	
Conchenstunden	56,00	150,00
Sonstige Kosten 1		90,00
Sonstige Kosten 2	39,23	
Sonstige Kosten 3		60,00
Sonstige Kosten 4	64,77	
Summe	**4.160,00**	**300,00**

Abbildung 2.6: Kalkulationsbeispiel

Besonders beachtenswert ist in dieser Darstellung einer Plankalkulation die Spalte »Kostenart«. Moderne Kostenrechnungssysteme bieten die Option, Kosteninformationen als differenzierte Kostenelemente zu definieren und separat über alle Stufen der Kostenrechnung zu führen. So ist es bei der Betrachtung dieser Kalkulation möglich, den genauen Wert der enthaltenen Rohstoffe dieses Fertigerzeugnisses über alle Kalkulationsstufen zu ermitteln Halbfabrikate gehen somit beispielsweise in die Fertigwarenkalkulation nicht mit einem Produktkostensatz ein, der in der Fertigwarenkalkulation als Materialeinsatz erscheinen würde, obwohl er den Fertigungslohn der Vorstufen enthält, sondern mit einem separaten Materialkosten- und Fertigungslohnsatz, die über die Kalkulationsstruktur in die gewünschten Kalkulationszeilen der Fertigwarenkalkulation gesteuert werden. Diese Verarbeitungsmöglichkeit der Kostenrechnungssysteme wird später bei der PC-gestützten Überleitung der MER in die Plan-Bilanz speziell genutzt.

Ergebnisrechnung

Der Ergebnisrechnung kommt unter Ablaufgesichtspunkten in diesem Planungsprozess eine besondere Bedeutung zu. Nach der Erstellung der Ergebnisrechnung auf der Ebene der Sparten erfolgt im Rahmen dieser Fallstudie eine gemeinsame Präsentation der Spartenbudgets, um die Identifikation der Mitarbeiter über ihre Sparte hinaus für das ganze Unternehmen zu erhöhen.

Den Sprecher der Geschäftsführung dürften während dieser Budgetpräsentation vor allem zwei Gedanken bewegen:

a) **Erreichen die** »bottom-up« **erarbeiteten Budgets** das »top-down« **gesteckte Gewinnziel?**

b) **Ist das Budget realistisch?**

Eine unmittelbare Antwort auf den ersten Gedanken dürfte er durch den zentralen Controller erhalten, der die neuen Spartenbudgets mit Hilfe des PCs unmittelbar zu einem Gesamtbudget konsolidiert und dem ROI-Ziel gegenüberstellt. Dabei ergibt sich in diesem Fall in der weiter unten gezeigten Darstellung zur Ergebniskonsolidierung ein Management-Erfolg (ME) von +187. Das bedeutet, dass das budgetierte Betriebsergebnis vor

Ertragsteuern und Zinsen am Ende des Planungsprozesses um diesen Betrag höher liegt als das ursprünglich formulierte EBIT-Ziel.

Eine Antwort auf den zweiten Gedanken ist schwieriger zu finden, aber um so wichtiger. Um zu erkennen, ob das Budget bei den gegenwärtig erkennbaren Sachverhalten als Ziel für das nächste Jahr tatsächlich herausfordernd und erreichbar ist, muss sich die Geschäftsführung selber ein Bild vom Budgetprozess und -ergebnis machen, wobei die einzelnen Zuständigkeiten zu berücksichtigen sind.

Auch dabei kann der PC-Einsatz unterstützend wirken. In typischer Weise müsste es gelingen, folgende zwei zentralen Aspekte für Realitätsbezogenheit in Gegenwart des »Big Boss« zu kombinieren.

a) Sind alternative Möglichkeiten betrachtet worden?
b) Hat derjenige die Zahl genannt, der dafür zuständig ist?

Dieses kann zunächst während der Spartenpräsentationen geschehen, indem wesentliche abstimmungsbedürftige Fragen bis hierher offen gehalten wurden, um sie dann mittels des PC-Einsatzes alternativ zu betrachten und unmittelbar zu entscheiden. Damit nähme die Spartenpräsentation auch noch etwas Problemlösungscharakter an. Anders vorgehend könnte sich der Chef auch sein Bild machen, indem er zu inhaltlich bedeutenden Fragestellungen bereits während der Spartenplanung situativ den Planungsverlauf begleitet.

(S. 57 oben) Abbildung 2.7: Operativer Jahresbeschluss der Maschinensparte im Rahmen einer stufenweisen DB-Rechnung

(S. 57 unten) Abbildung 2.8: Operativer Budgetbeschluss der Schokosparte im Rahmen einer stufenweisen DB-Rechnung

ERGEBNISPLAN DER BUDGET GMBH

Maschinen-Sparte

	Punktschw.-Masch.		Kontaktschw.-Masch.		Gesamt
	Leicht	Schwer	Univ.	Spezial	
Absatz	931	477	80	25	1.513
Produktion	700	350	63	22	1.135
Rechnungspreis/Einheit	7.380	10.980	48.376	92.000	
Preis/E (netto/netto)	6.273	9.333	43.538	82.800	
Proko/E	4.000	6.000	25.000	52.000	
DB/E	2.273	3.333	18.538	30.800	
Stunden/E	70	130	400	700	
Summe Std.	49.000	45.500	25.200	15.400	135.100
DB/Std.	32	26	46	44	
Erlöse zu Rechnungspreisen	6.870.780	5.237.460	3.870.044	2.300.000	18.278.284
Erlösschmälerungen	343.539	261.873	0	0	605.412
Erlöse, netto	6.527.241	4.975.587	3.870.044	2.300.000	17.672.872
SEK Vertrieb	687.078	523.746	387.004	230.000	1.827.828
Erlöse, netto/netto	5.840.163	4.451.841	3.483.040	2.070.000	15.845.044
Proko Absatz	3.724.000	2.862.000	2.000.000	1.300.000	9.886.000
DB I	2.116.163	1.589.841	1.483.040	770.000	5.959.044
Promotion	300.000	200.000	100.000	50.000	650.000
DB II	1.816.163	1.389.841	1.383.040	720.000	5.309.044
Spartenkosten					2.845.000
DB III					2.464.044

Schokoladen-Sparte

	Tafeln, massiv	Tafeln, gefüllt	Riegel	Pralinen	Sofort-Getränke	Gesamt
Absatz	6.000	1.500	2.275	1.000	1.500	12.275
Produktion	6.000	1.500	2.275	1.000	1.500	12.275
Preis/kg	7,59	7,31	10,29	26,20	4,29	
Proko/kg	4,16	3,55	4,77	18,04	2,20	
DB/kg	3,43	3,76	5,52	220,00	2,09	
Stunden/t	50	100	80	220	40	
Summe Std.	300.000	150.000	182.000	220.000	60.000	912.000
DB/Std.	69	38	69	1.000	40	
Umsatz	45.540.000	10.965.000	23.409.750	26.200.000	6.435.000	112.549.750
Summe Proko	24.960.000	5.325.000	10.851.750	18.040.000	3.300.000	62.476.750
DB I	20.580.000	5.640.000	12.558.000	8.160.000	3.135.000	50.073.000
Promotion	4.000.000	900.000	8.500.000	6.600.000	1.000.000	19.550.000
DB II	16.580.000	4.740.000	4.058.000	1.560.000	2.135.000	30.523.000
Spartenkost.						21.500.000
DB III						9.023.000

Konsolidierung	Maschinen	Schokolade	Zentrale	Gesamt
DB I	**5.959**	**50.073**		**56.032**
Promotionk.	650	19.550		20.200
DB II	**5.309**	**30.523**		**35.832**
Spartenk.	2.845	21.500		24.345
DB III	**2.464**	**9.023**		**11.487**
Untern.-K.			1.800	1.800
Plan-ROI				9.687
Ziel-ROI				9.500
ME				187

Abbildung 2.9: Ergebniskonsolidierung und Vergleich mit dem Ziel

In beiden Verfahrensweisen kommt es gerade durch die Gegenwart des Sprechers der Geschäftsführung darauf an, den PC zu nutzen, um themenzentriert vorgehen zu können und somit ohne Vertagen in kurzer Zeit eine Lösung zu erreichen. Unter Führungsgesichtspunkten dürfte es dabei für jeden Vorgesetzten überaus wichtig sein zu **spüren, ob sich seine Mitarbeiter mit dem Budget identifizieren können,** oder ob sie bereits »ausgestiegen« sind, weil sie sich unter- oder überfordert fühlen. Bei aller Logik und Maschinerie des PC-Einsatzes fördert der PC in dieser Situation eher spontane Meinungen und Gefühlsreaktionen, die die tatsächliche Einstellung von Mitarbeitern zu ihren Budgets deutlich werden lassen – eine wichtige Erkenntnis für den Sprecher der Geschäftsführung bei der Beurteilung des Budgets.

Erstellung der Plan-GuV

Nach der Verabschiedung des Budgets als MER in Form einer stufenweisen DB-Rechnung ist diese in die Plan-GuV nach dem Gesamtkostenverfahren (§ 275 Abs. 2 HGB) zu überführen, wobei zur Ermittlung der Ertragsteuern bereits steuerlich anerkannte Wertansätze gewählt werden. In dieser Fallstudie ist für die GuV das Gesamtkostenverfahren beibehalten worden, da es in Deutschland das gebräuchlichere Verfahren ist. Die GuV, die sich an andere (vor allem externe) Adressaten wendet, hat im Vergleich zur MER andersartige Entscheidungen zu unterstüt- zen und daher andere Wertansätze und einen auch einen ande- ren Aufbau. Aus diesem Sachverhalt heraus resultieren be stimmte Umformungsprozeduren, um von der MER zur Plan- GuV zu gelangen, die nachfolgend dargestellt sind. Insbeson- dere ist der anders strukturierte Aufbau von MER und GuV zu berücksichtigen, der hier für den Fall des Bestandsabbaus an fertigen Erzeugnissen skizziert sein möge. Die weiteren Dar- stellungen konzentrieren sich ausgewählt auf die Maschinen- sparte.

Die nachfolgende Abbildung zeigt einen Vergleich zwischen MER und GuV nach dem Gesamtkostenverfahren. Zum Zweck der Vergleichbarkeit des Aufbaus von MER und GuV sind die Produkt- und Strukturkosten in der GuV ebenfalls, der MER- Darstellung entsprechend, als Blöcke dargestellt worden. Im er- sten Schritt der Umformung der MER in die GuV müssen die Kosten, die in der MER stufenweise eingefügt sind, zunächst nach Art und dann nach Höhe in die entsprechenden Auf- wandspositionen der GuV transformiert werden.

In dieser Fallstudie wird auch die Entwicklung der Plan-GuV und der Plan-Bilanz mit den Managern aus den Sparten und Prozessen gesprächsbegleitend am PC durchgeführt, um neben dem DB III auch die Bestandsgrößen der Bilanz als Parameter des ROI explizit in den Kompetenzbereich der Manager mit ein- zubeziehen. Eine derartig erarbeitete Plan-GuV für die Maschi- nenfabrik könnte beispielsweise folgendermaßen gestaltet sein:

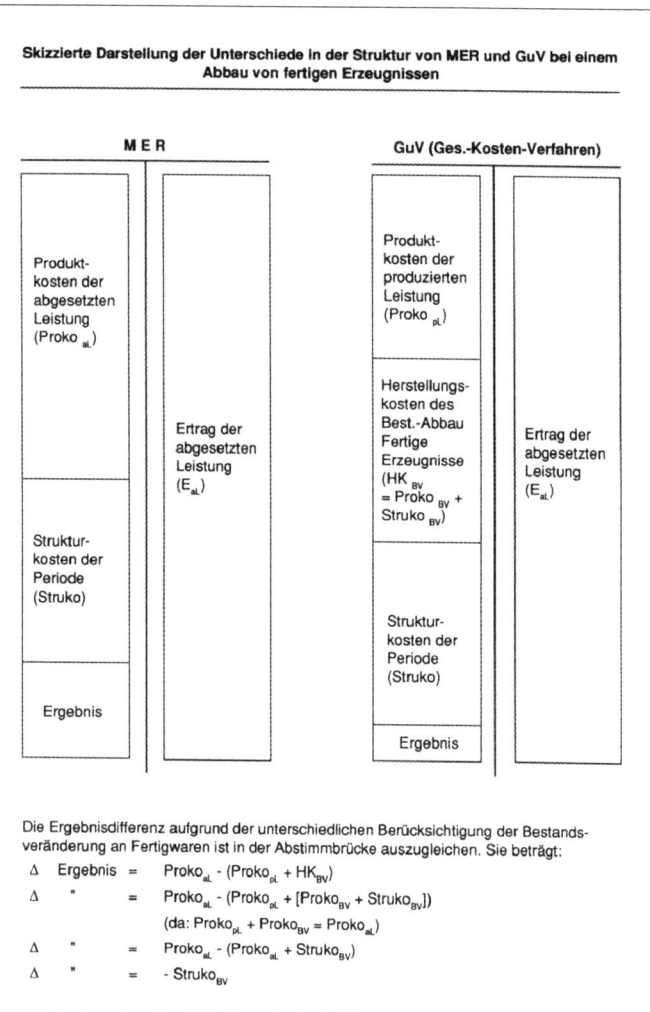

Abbildung 2.10: Skizzierte Darstellung der Unterschiede in der Struktur von MER und GuV bei einem Abbau von fertigen Erzeugnissen

	A	B	C	D	E	F	G	H
15		UMFORMUNG DER MER IN DIE GUV						
16								
17		Position/Konto	lt. MER	Umformung/ Notizen				GuV
18			T€	(PROKO) T€	(STRUKO) T€	(DI) T€	(∂ Dem) T€	T€
19	1.	Umsatzerlöse	15.845	1.828				17.673
20	2.	BV Fert./Unf. Erz.					-3.081	-3.081
21	3.	And. aktiv. Eigenl.	0				10	10
22	4.	Sonst. betr. Ertr.	0				50	50
24	5.	Materialaufwand						
25	a)	RHB						
26		- Materialkosten	2.074	2.074		-476		1.599
27		- Hilfsstoffe	354	354		-81		273
28		- Abwertung RHB	0				200	200
29	b)	Aufw. f. bez. Lstg.	4.149	4.149		-951		3.197
30	6.	Personalaufw.	0					0
31		- Fert.-Löhne	1.753	1.753		-402		1.351
32		- Hilfslöhne	1.662	920	742	-211		1.451
33		- Gehälter	1.432		1.432			1.432
34	7.	Abschreibungen						0
35	a)	auf Anlageverm.	1.600		1.600		500	2.100
36	b)	a.o. auf Umlaufverm.	0				0	0
37	8.	Sonst. betr. Aufw.	2.185	2.464	-279	-146		2.039
38	10.	Sonst. Zinsen u.	0	0			50	50
39		ähnl. Erträge						0
40	11.	Zins.u.ähnl. Aufw.	0	0	0		440	440
41	12.	Ao. Erträge	0	0			100	100
42	13.	Steuern v. EE	0	0	0		200	200
43	14.	Sonst. Steuern	0	0	0		100	100
44		JAHRESÜBERSCHUSS/JAHRESFEHLBETRAG						421

Abbildung 2.11: Überleitung der Managementerfolgsrechnung (MER) für die Maschinensparte in die Plan-GuV

In der GuV bedeutet der Wert der Zelle G20 mit negativen Vorzeichen einen Aufwand. Dieser Aufwand ergibt sich, indem pro Lagerbestandsposition der mengenmäßige Bestandsabbau mit den Herstellungskosten dieses Artikels bewertet wird. Die Ermittlung dieses Wertes von -3.081 T€ ist in der folgenden Abbildung dargestellt.

Bestandsveränderungsrechnung FW				
	Leicht	*Schwer*	*Univ.*	*Spez.*	*Ges.*
Proko Vorjahr	4.000	6.000	25.000	52.000	
HK Vorjahr	5.700	7.000	40.000	65.000	
Proko Plan-Jahr	4.000	6.000	25.000	52.000	
BV-Menge	-231	-127	-17	-3	-378
	T€	T€	T€	T€	T€
BV/Proko/Vorjahr	-924	-762	-425	-156	-2.267
BV/HK/Vorjahr	-1.317	-889	-680	-195	-3.081
BV/Proko/Plan-Jahr	-924	-762	-425	-156	-2.267

Abbildung 2.12: Geplante Bestandserhöhung für fertige Erzeugnisse der Maschinensparte

Damit enthält aber die Aufwandsseite auf dem Weg zur Ermittlung der Plan-GuV momentan zunächst die Produktkosten des Bestandsabbaues der fertigen Erzeugnisse in doppelter Höhe. Sie sind einerseits in den nach Aufwandsarten übernommenen Produktkosten des Absatzes aus der MER und andererseits in den Herstellungskosten des Bestandsabbaus in der GuV enthalten. Daher müssen die bislang doppelten Prokos in einem weiteren Schritt herausgerechnet werden. Auch hier hilft die Plankalkulation, indem Umrechnungsfaktoren ermittelt werden, die die Herstellungskosten des Bestandsabbaues nach Aufwandsarten (z.B. Material und Fertigungslohn) »auflösen«. Je Aufwandsart werden so von den Kosten des Absatzes (Spalte »D« der Darstellung zur Umformung), die aus der MER gewonnen wurden, die in den Herstellungskosten des Bestandsabbaues von fertigen Erzeugnissen enthaltenen Beträge für proportionale Kosten subtrahiert (in Spalte »F« der Darstellung zur Umformung). So ergeben sich die proportionalen Kosten (für Material, Fertigungslohn, Energie etc.) der Produktion (Spalte »H« in der Darstellung zur Umformung).

In der Spalte G der Umformungsdarstellung werden noch weitere Differenzbeträge eingefügt, die dadurch entstehen, dass in der MER einige Aufwandspositionen der GuV nicht oder mit einem anderen Wertansatz berücksichtigt werden (z. B. FK-Zinsen, Kalk. Abschreibungen, Ertragsteuern). Die Plan-GuV ergibt sich somit als Addition der Spalten »C«, »F« und »G«.

Für die Ermittlung des Jahresüberschusses sind dabei an dieser Stelle zwei wesentliche Annahmen zu treffen, die erst zu einem späteren Zeitpunkt zu konkretisieren sind:

1. die Höhe der Fremdkapitalzinsen,
   die sich aus der Finanzplanung ergeben,
2. die Bestimmung der Ertragsteuerhöhe.

Selbstverständlich bestehen Kreditverträge und damit auch Tilgungspläne für die Budget GmbH, über die der Treasurer Auskunft erteilen kann, doch kann im Rahmen dieser Fallstudie durch den gesprächsbegleitenden PC-Einsatz insbesondere die Möglichkeit eines iterativen Vorgehens genutzt werden. D. h., es wird näherungsweise von einem Saldo bei der Finanzplanung ausgegangen, der zu einem Bedarf oder zu einer Rückzahlung von Fremdkapital führt.

Auf der Basis des jetzt bestimmbaren Jahresüberschusses vor Ertragsteuern kann in der Umformungstabelle zur GuV die Höhe der Ertragsteuern im Feld H42 geplant werden, die sich aus folgenden Feldern der nachfolgenden Tabelle ergibt: H89, F93 u. F94 (= T€ 200). Somit ergibt sich der Jahresüberschuss, der in H44 der Umformungstabelle dargestellt ist, in Höhe von T€ 421.

	A	B	C	D	E	F	H	J
61	A)	*Gewerbeertragsteuer*					*TE*	
62		Steuerbil.-Gew. v. Ertr.-Steuern (T€)					620	
63		Körperschaftsteuerl. Hinzurechnungen (T€)					10	
64		KSt-Einkommen (T€)					630	§ 7 Gewerbesteuergesetz
66		Entgelte für Schulden (Kreditzinsen), Renten und					berück-sichtigt	
67		dauernde Lasten, Gewinnanteile des stillen Gesellschafters					100%	
68		(T€)				440	440	§ 8 GewStG, Nr.1a-c
69		Miet- und Pachtzinsen (einschließlich Leasingraten) für						
70		die Benutzung von **beweglichen Wirtschaftsgüter** des					20%	
71		Anlagevermögens, die im Eigentum eines anderen stehen				70	14	§ 8 GewStG, Nr.1d
72		Miet- und Pachtzinsen (einschließlich Leasingraten) für						
73		die Benutzung der **unbeweglichen Wirtschaftsgüter** des					65%	
74		Anlagevermögens, die im Eigentum eines anderen stehen				80	52	§ 8 GewStG, Nr.1e
76		Aufwendungen für die zeitlich befristete Überlassung von					25%	
77		Rechten (Lizenzen)				20	5	§ 8 GewStG, Nr.1f
78		Summe der zu berücksichtigenden Hinzurechnungen (T€)					511	
79		abzüglich Freibetrag (T€)					-100	
80		verbleiben (T€)					411	
81		zu berücksichtigen (25% dieser Summe)					103	
82		andere Hinzurechnungen				10		§ 8 GewStG, Nr.4-12
84		Kürzungen (ohne Minuszeichen eingeben)				30		§ 9 Gewerbesteuergesetz
86		Gewerbesteuer unterliegender Gewerbeertrag (T€)					713	
87		Steuermeßbetrag (Gewerbeertrag x 3,5%) (€)					24.958	
88		Hebesatz					400%	
89		**Gewerbesteuer der Kapitalgesellschaft** **(=Steuermeßbetrag x Hebesatz) (T€)**					99,8	

Abbildung 2.13: Ermittlung der Gewerbeertragsteuer

	A	B	C	D	F
91	B)	*Körperschaftsteuer*			
92		KSt-Einkommen			630
93		Körperschaftsteuer (15%)			95
94		Solidaritätszuschlag (5,5%)			5

Abbildung 2.14: Ermittlung der Körperschaftsteuer

Obwohl die Überleitung der MER in die GuV bereits in den Spalten der Umformungstabelle erfolgt ist, sei eine separate, der betriebswirtschaftlichen Tradition entsprechende Darstellung in der nachfolgenden Tabelle eingefügt, die als Abstimmbrücke bezeichnet wird. Ausgehend vom Ergebnis der MER (= betriebliches EBIT) werden ausschließlich die Positionen ausgewiesen, die in der GuV einen anderen Wertansatz erfahren als in der MER.

	A	B	C
46		**ABSTIMMBRÜCKE**	
47		(MER-Betr.-Erg.)	2.464
48	*	Fixk. BV/Bew. Diff.	-814
49	*	And. akt. Eigenl.	10
50	*	Sonst.betr. Erträge	50
51	*	Abschr. Diff. AV	-500
52	*	Abschr. UV	-200
53	*	Zinsdiff.	-390
54	*	Aufl. Rückst.	100
55	*	Sonstige Steuern	-100
56	*	Ertragsteuern	-200
57	*	Rundungsdiff.	0
58	**	**Jahresüberschuß**	**421**

Abbildung 2.15: Abstimmbrücke zwischen Plan-MER und Plan-GuV

Erstellung der Plan-Bilanz

Um die Plan-Bilanz zu ermitteln, wird nachfolgend eine Liste mit möglichen Plan-Geschäftsvorfällen gezeigt. Es werden sowohl Geschäftsvorfälle angesprochen, die ausschließlich bestandswirksam sind (z. B. die Maschineninvestition als Aktivtausch in Buchungssatz 2), als auch Geschäftsvorfälle, die sowohl bestands- als auch erfolgswirksam sind (z. B. die Abschreibungsplanung in Buchungssatz 3), wobei deren Erfolgswirksamkeit bereits in die Ermittlung der Plan-GuV vorauseilend eingegangen ist.

Für diese Fallstudie sind die Buchungssätze unmittelbar mit der Plan-Bilanz verknüpft. Diese Verknüpfung wird auch benötigt, da mit den Plan-Geschäftsvorfällen 22 und 23 der Jahresfinanzplan abgeschlossen wird. Der jeweilige Betrag dieser Geschäftsvorfälle (Aufnahme oder Tilgung von Bankkrediten) kann jedoch erst nach einem Blick auf den Saldo des Kontos »FlüMi« in der Bilanz beurteilt werden. Liegt ein Einzahlungsüberschuss vor, besteht die Möglichkeit, Kredite zu tilgen. Ein

Auszahlungsüberschuss würde hingegen Kreditbedarf signalisieren. In Abhängigkeit von diesem Ergebnis erfolgt jetzt eine iterative Rückkopplung zur Planung der Fremdkapitalzinsen in der GuV, H40), deren Korrektur wiederum eine Korrektur in den Geschäftsvorfällen 22 und 23 zur Folge hätte.

Plan-Buchungssätze der Budget-GmbH

		Soll	Haben
1	**FERTIGSTELLUNG DER NEUEN PRODUKTIONSHALLE**		
	Grund und Gebäude	2.000	
	an Anlagen i. Bau		400
	- Anz. f. Baul.		400
	- FlüMi		1.200
		2.000	2.000
2	**MASCHINENINVESTITION**		
	Maschinen	5.000	
	an FlüMi		5.000
		5.000	5.000
3	**ABSCHREIBUNGSPLANUNG**		
	GuV (AfA)	2.100	
	an Grund u. Gebäude		140
	Maschinen		1.560
	Ausstattung		400
		2.100	2.100
4	**RHB-EINSATZ**		
	GuV (RHB)	2.072	
	an RHB		2.072
		2.072	2.072

Abbildung 2.16: Plan-Buchungssätze 1-4

5 RHB-BESCHAFFUNG

RHB	134	
an gel. Anzahlungen		0
FlüMi		134
Verbindlichkeiten L + L		0
Verb. gegen Beteil.		0
	134	134

6 ABBAU VERBINDLICHKEITEN AUS L + L

Verbindlichkeiten L + L	1.600	
Verb. gegen Beteil.	0	
an FlüMi		1.600
	1.600	1.600

7 EINGANG FORDERUNGEN VJ

FlüMi	2.800	
an Forderungen		2.800
	2.800	2.800

8 BUCHUNG "ERLÖSE"

Forderungen (RLZ < 1Jahr)	3.000	
FlüMi	14.673	
Erh. Anzahlungen	0	
an GuV (U.-Erlöse)		17.673
	17.673	17.673

Abbildung 2.17: Plan-Buchungssätze 5-8

9 AUFBAU ERHALTENER ANZAHLUNGEN

FlüMi	0	
an Erh. Anzahlungen		0
	0	0

10 AUFBAU GELEISTETER ANZAHLUNGEN

Gel. Anzahlungen	0	
an FlüMi		0
	0	0

11 BUCHUNG "ZINSERTRÄGE"

FlüMi	50	
an Zinserträge		50
	50	50

12 BUCHUNG "ZINSAUFWAND"

Zinsaufwand	440	
an FlüMi		440
	440	440

13 AKTIVIERUNG VON EIGENLEISTUNGEN

Maschinen	10	
an GuV (aktiv. Eigenl.)		10
	10	10

**14 ABSCHREIBUNGEN AUF FORDERUNGEN UND
FERT. U. UNFERT. ERZEUGN.**

Sonstige betr. Aufwendungen	0	
an Forderungen		0
- Fert. u. Unf. Erz.		0
	0	0

15 ZUFÜHRUNG ZU PENSIONSRÜCKSTELLUNGEN

Altersversorgung	75	
an Rückst. für Pensionen		75
	75	75

18 ZAHLUNGSWIRKS. SONST. UND A.O. ERTRÄGE

FlüMi	150	
an (N.N.) sonst/a.o. Ertr.		150
	150	150

19 BESTANDSABBAU FERTIGE ERZEUGNISSE

GuV (HF/FF)	3.081	
an unf. u. fert. Erz.		3.081
	3.081	3.081

20 BESTANDSAUFBAU FERTIGE ERZEUGNISSE

Unf. u. Fert. Erz.	0	
an GuV (HF/FF)		0
	0	0

21 N. N. GEBUCHTER ZAHLUNGSWIRKS. AUFWAND

GuV (Sammelb. restl. Aufw.)	9.695	
ARA	0	
an FlüMi		9.695
- ARA		0
	9.695	9.695

22 RÜCKZAHLUNG BANKKREDIT

Bankverbindl.		
- RLZ < 1 Jahr	1.000	
- RLZ > 1 < 5 Jahre	0	
- RLZ > 5 Jahre	0	
an FlüMi		1.000
	1.000	1.000

23 AUFNAHME BANKKREDIT

FlüMi	1.200	
an Bankverbindl.		
- RLZ < 1 Jahr		1.200
- RLZ > 1 < 5 Jahre		0
- RLZ > 5 Jahre		0
	1.200	1.200

24 EINSTELLUNG IN DIE FREIE RÜCKLAGE

Einstellung in die freie Rücklage	55	
an Freie Rücklagen		55
	55	55

Abbildung 2.18: Plan-Buchungssätze 9-20
Abbildung 2.19: Plan-Buchungssätze 21-24
Abbildung 2.20: Liste der Plan-Buchungssätze der Maschinensparte

AUFBAU DER PLAN-BILANZ FÜR DIE "BUDGET-GMBH"

Konto AKTIVA	EB	BS-Nr.	Bewegungsbilanz MV	BS-Nr.	MH	Plan SB
1. Grund und Gebäude	1.200	1)	2.000	3)	140	3.060
2. Maschinen	1.200	2)	5.000	3)	1.560	4.650
		13)	10			
3. Ausstattung	800			3)	400	400
4a. Gel. Anzahlungen	400			1)	400	0
4b. Anlagen im Bau	400			1)	400	0
Anlagevermögen:	4.000					8.110
Vorräte:						
6. RHB-Stoffe	2.000	5)	134	4)	2.072	62
7. Fe u Unf. Erzeugn.	6.600	20)	0	14) + 19)	3.081	3.519
8. Gel. Anzahlungen	0	10)	0	5)	0	0
	8.600					3.582
Forderungen und sonst.Vermögegenst.:						
9. Forderungen						
- RLZ < 1 Jahr	2.800	8)	3.000	7)	2.800	3.000
				14)	0	
- RLZ > 1 Jahr	0					0
10. Sonst. V.-Gegenst.						
- RLZ < 1 Jahr	80					80
- RLZ > 1 Jahr	120					120
11. FlüMi	320	7)	2.800	1)	1.200	124
		8)	14.673	2)	5.000	
		9)	0	5)	134	
		11)	50	6)	1.600	
		18)	150	10)	0	
		23)	1.200	12)	440	
				21)	9.695	
				22)	1.000	
	3.320					3.324
Umlaufvermögen:	11.920					6.906
12. **RAP:**	80	21)	0	21)	0	80
Summe Aktiva	16.000					15.096

Abbildung 2.21: Aktiva: Plan-Bilanz und Plan-Bewegungen

P A S S I V A						
1. Stammkapital	3.500					**3.500**
2. Rücklagen	855			24)	55	**910**
3. GuV		3)	2.100	8)	17.673	
		4)	2.072	11)	50	
		12)	440	13)	10	
		14)	0	17)	0	
		15)	75	18)	150	
		16)	0	20)	0	
		19)	3.081			
		21)	9.695			
		24)	55			
		B.-Gew.	366	B.-Verl.	0	
			17.883		17.883	
		BG)	0	BG)	366	**366**
Eigenkapital:	4.355					**4.776**
4. Pensions-Rückstell.	1.000			15)	75	**1.075**
5. Sonst. Rückstellg.	445	17)	0	16)	0	**445**
Rückstellungen:	1.445					**1.520**
6. Bankverbindlichk.						
- RLZ < 1 Jahr	2.190	22)	1.000	23)	1.200	**2.390**
- RLZ > 1 < 5 Jahre	4.380	22)	0	23)	0	**4.380**
- RLZ > 5 Jahre	730	22)	0	23)	0	**730**
	7.300					**7.500**
7. Erh. Anzahlungen	200	8)	0	9)	0	**200**
8. Verbindl. aus L+L	1.600	6)	1.600	5)	0	**0**
9. Verb. bet. Untern.	700	6)	0	5)	0	**700**
10. Sonst. Verbindl.						
- RLZ < 1 Jahr	200					**200**
- RLZ > 1 Jahr	200					**200**
	2.900					**1.300**
Verbindlichkeiten:	10.200					**8.800**
Summe Passiva	16.000					**15.096**

Abbildung 2.22: Passiva: Plan-Bilanz und Plan-Bewegungen

Kommentar des Controllers zum Fallbeispiel

Planung heißt Entscheidungsfindung. Entscheidungen beziehen sich immer auf das, was auf uns zukommt – nicht auf das, was gewesen ist. Die grundsätzliche Ordnung in der Entscheidungsfindung lässt sich in die Formulierung setzen: »**Die richtigen Dinge tun!**« sowie »**Die Dinge richtig tun!**«. Themenstellungen in der Art, ob es die richtigen Dinge sind, haben wir uns angewöhnt, als »strategisch« zu benennen. Die Dinge richtig tun, wird etikettiert durch das Signalwort »operative Planung«. Der Einsatz des Personalcomputers (PC) ist in der operativen Planung im Vordergrund. Da geht es auch um das Bewältigen des zu koordinierenden Zahlenmaterials. Der strategische Teil ist mehr textlich zu formulieren und skalierend zu erarbeiten. Aussagen von strategischer Relevanz sind im Fallstudientext enthalten, immer dort, wo die Rede gewesen ist von Marktstellung, Attraktivität der Produkte bei der Kundschaft, Fähigkeitsprofil gegenüber Mitbewerbern. Im Beispiel der Schokoladensparte wurde derart definiert, welcher Typ von Sortiment es sein soll; welches Genre es ist, in welchem Preisband sich folglich dann auch diese Sparte auf dem Markt bewegt.

Die operative Planung konzentriert sich erst einmal im Ergebnisbudget auf die Struktur der Managementerfolgsrechnung – stufenweise Deckungsbeitragsrechnung. Hier werden die Entscheidungen der Marktbearbeitung (Absatzmenge, Verkaufspreis, Promotionsmaßnahmen), werden technische Strukturen der Produkte (hinter den Produktkosten stehen Stücklisten und Arbeitspläne) und wird das organisatorische »Gehäuse« (hinter dem Strukturkosten stehen) daraufhin eingesammelt, dass sie im Ensemble ins Ergebnisziel führen. Das ist mit T€ 9.500 als EBIT-Ziel für beide Sparten zum Beginn des Planungsprozesses formuliert worden und wird – wie es die Kennzahl Managementerfolg (= + 187) zeigt – etwas überschritten. Das Budget ist also zielerfüllend.

Mit der Ergebnisbudgetierung ist aber in der operativen Durchführungsplanung noch nicht sichergestellt, dass auch alle Vorhaben finanzierbar sind. Dazu muss die Bestände- und Investitionsplanungen eingefügt werden. Erst erfolgt eine Umformung der Logik der Managementrechnung (Break-Even-Struktur) in die Logik der doppelten Buchhaltung. Dies ist das Finanzcontrolling-System. Jede Zahl, die im Konto links steht, ist Mittelverwendung. Diese Zahl muss sinngemäß auch rechts auftreten im »Haben« als Mittelherkunft. Dass »Soll« und »Haben« stimmen müssen, ist die Logik des Geldbeutels.

Innerhalb der Logik von Soll und Haben – Mittelverwendung und Mittelherkunft – setzt sich das Beispiel fort durch den Katalog der Plan-Bilanz-Buchungen. Die sind – personalcomputerbegleitet – in die Bilanzplanung eingesammelt worden und bilden zwischen Anfangs- und Schlussbilanz die Bewegungsbilanz/Veränderungsbilanz. Auf dem Gewinnkonto bildet sich dabei nochmals die Gewinn- und Verlustrechnung – im Sinn der Finanzbuchhaltung – ab. Dazu kommt auf dem Konto »Flüssige Mittel« der operative Jahresfinanzplan mit Kapazitätsbedarf an die Finanzen und die Kapazitätsdeckung.

Es stellt sich eine leichte Unterdeckung im Finanzplan heraus. Die flüssigen Mittel sind nicht ganz gesichert. Der Verwendungsentscheid lautet, dass flüssige Mittel im Buchungssatz 23 über einen Bankkredit zugeführt werden sollen. Dieses wird auch nochmals im Cashflow Statement nach IAS (Abb. 2.24) unter Punkt (3) gezeigt. Die nachfolgende Bewegungsbilanz illustriert, dass die Investitionen in das Anlagevermögen in Höhe von 6.210 T€ mit 2.596 € aus dem Cashflow (Bilanzgewinn + Abschreibungen v. AV + Rücklagenzuführung + Zuführung zu den Pensionsrückstellungen) finanziert werden. Der Bestandsabbau bei den Vorräten wird zur weiteren Finanzierung der Investitionen und der Schuldentilgung verwendet. Dieser Zusammenhang wird auch nach der IAS-konformen Cashflow-Darstellung deutlich. Die Mittelherkunft aus dem laufenden Geschäft wird insbesondere durch die Positionen

Abschreibungen und Abbau der Vorräte beeinflusst. Benötigt wird die Mittelherkunft insbesondere zur Deckung des geplanten Mittelabflusses aus der Investitionstätigkeit.

Es zeigt sich offenbar eine Phase der finanziellen Konsolidierung. Zweifel könnten jedoch noch bei dem geplanten Bestandsabbau auftreten. Reicht eine derartig geringe Lagerreichweite tatsächlich aus, um die von den Kunden gewünschten Lieferzeiten einhalten zu können – gerade zu einem Zeitpunkt geplanten Wachstum, wo insbesondere Flexibilität und Präzision gefordert sein könnten? So führt die operative Planung wieder zurück in den strategischen Teil des Denkens, der im Eingangstext geschildert ist

	A	B	C	D	E	F
1			**Plan-Bewegungsbilanz**			
2						
3	MITTELVERWENDUNG				MITTELHERKUNFT	
4						
5	I.	Investitionen im AV		I.	Selbstfinanzierung aus	
6		1. Sachanlagen	6.210		1. EK-Zuführung	0
7		2. Finanzanlagen	0		2. Rücklagen	55
8					3. Abschr. AV	2.100
9					4. Pensionsrückstellungen	75
10					5. Sonst. (langfr.) Rückstellg.	0
11						
12	II.	Zugänge im UV (o.FlüMi)		II.	Abgänge im UV (o. FlüMi)	
13		1. Forderungen	200		1. Abbau der Forderungen	0
14		2. Vorräte	0		2. Abbau der Vorräte	5.018
15						
16	III.	Schuldentilgung	1.400	III.	Schuldenaufnahme	0
17						
18	IV.	Erhöhung der FlüMi	0	IV.	Verminderung der FlüMi	196
19						
20	V.	Bilanzverlust	0	V.	Bilanzgewinn	366
21						
22	Summe Mittelverwendung		7.810	Summe Mittelherkunft		7.810

Abbildung 2.23: Plan-Bewegungsbilanz für die Maschinensparte

	A	B	C
2		**Cash Flow Rechnung, Indirekte Methode, (nach IAS 7, § 18b)**	
3			
4	(1)	Cash Flow aus laufender Geschäftstätigkeit	*(TCC)*
		Jahresüberschuss/-fehlbetrag vor Zinsen, Steuern vom EE u.	
5		ausserordentlichen Geschäftsvorfällen	960
6	+/-	Anpassungen für:	
7		Abschreibungen	2.100
8		Rückstellungsveränderungen	75
	+/-	Veränderung der Forderungen	
		aus Lieferungen und Leistungen und sonstiger	
9		Vermögensgegenstände	-200
10	+/-	Veränderung der Vorräte	5.018
	+/-	Veränderungen der Verbindlichkeiten aus	
11		Lieferungen und Leistungen	-1.600
12		Zinsaufwand	-440
13	-	Zahlungen von Steuern vom Einkommen und Ertrag	-200
14	+/-	Außerordentliche Mittelzu-/-ablüsse	100
15	=	*Nettomittelzu-/-abfluss aus laufender Geschäftätigkeit*	*5.814*
16			
17	(2)	Cash Flow aus der Investitionstätigkeit	
18	-	Kauf von Sachanlagen	-6.210
19	=	*Mittelzu-/-abfluss aus der Investitionstätigkeit*	*-6.210*
20			
21	(3)	Mittelzu-/-abfluss aus der Finanzierungstätigkeit	0
22	+/-	Mittelzu-/-abfluss aus Kapitalveränderungen	0
23	+/-	Mittelzu-/-abfluss aus Krediten	200
24	-	Zahlung von Verbindlichkeiten aus Finanzierungsleasing	0
25	-	Dividendenzahlungen	0
26	=	*Mittelzu-/-abfluß aus Finanzierungstätigkeit*	*200*
27			
28	(4)	Veränderung der Zahlungsmittel und -äquivalente	-196
29			
30	(5)	Zahlungsmittel und -äquivalente zu Beginn der Periode	320
31			
32	(6)	Zahlungsmittel und -äquivalente am Ende der Periode	124

Abbildung 2.24: Cashflow Statement nach IAS/IFRS

Zur weiteren Vorbereitung auf internationale Finanzierungs-
partner und Rechnungslegungsvorschriften wurde abschließend noch eine GuV nach dem Umsatzkostenverfahren mit begleitender angloamerikanischer Nomenklatur erstellt.

GuV nach Umsatzkostenverfahren		The Income Statement
Umsatzerlöse	17.673	Net Sales or Revenues
Herstellungskosten	1.164	Cost of Goods Sold
Bruttoergebnis vom Umsatz	16.509	**Gross Profit on Sales** (= Gross Margin)
Vertriebskosten	5.309	Selling Expenses
allgemeine Verwaltungskosten	352	Administrative or General Expenses
sonstige betriebl. Erträge	50	Other Revenues or Gains
sonstige betriebl. Aufwendungen	9.887	Other Expenses or Losses
Betriebsergebnis	1.010	**Income from Operations**
		(= Earnings before Interests and Taxes)
Erträge aus Beteiligungen	0	Equity in Profit/Loss of Affiliated Companies
Sonstige Zinsen	50	Interest Income
Zinsen und ähnliche Aufwendungen	440	Interest Expenses or Losses
Ergebnis der gewöhnlichen Geschäftstätigkeit	620	Income before income taxes and extraordinary loss
		Income before extraordinary items
Außerordentliche Erträge	100	Extraordinary Items
Außerordentliches Ergebnis	100	Extraordinary Items
Steuern vom EE	200	Income Taxes
Sonstige Steuern	100	Other Taxes
Jahresüberschuß	421	Net income

Abbildung 2.25: GuV nach dem Umsatzkostenverfahren mit angloamerikanischer Nomenklatur

PC-Epilog zur Anwendung

Für die gemeinsame Endberatung der Plan-GuV und Plan-Bilanz am Bildschirm erweist es sich als vorteilhaft, eine Aufteilung des Bildschirms in Fenster vorzunehmen. So könnte in einem oberen Fenster die entsprechende GuV-Zeile dargestellt werden, während im unteren Fenster ein dazugehörender Buchungssatz mit Erläuterungstext erscheint, der durch Aussagen (Zahlen) der Manager zu füllen ist. **Insgesamt gesehen birgt dieses Verfahren der interaktiven Bilanz- und Finanzplanung riesige Motivationspotentiale und damit auch Aktionspotentiale.** Einmal gesehen und miterlebt habend, wie eigene Entscheidungen sich auf Soll und Haben in GuV und Bilanz auswirken, weckt Motivation auf mehr planendes und steuerndes Selbermachen.

Controller's Ergebnissensibilisierungs-Praxis

ROI-Baum

Der ROI-Baum stellt in Form einer Spreadsheet-Darstellung eine weitere PC-Anwendungsmöglichkeit für den Controller dar, um in Gesprächen mit Budget-Verantwortlichen Überzeugungsarbeit zu leisten, wenn es um den Engpass fast jeden Unternehmens geht: die Rentabilität auf das eingesetzte Kapital (Return on Investment).

Der ROI bezieht den Gewinn auf das investierte Kapital und ist damit für den Controller eine überaus interessante Kennzahl, da sie Größen der Erfolgsrechnung und Bestandsgrößen der Bilanz miteinander verbindet. Der Return on Investment (ROI) ist in diesem Beispiel als Jahresüberschuss vor Zinsen und Steuern zu verstehen, der auf das betriebsnotwendige Kapital bezogen wird. Damit ist er identisch mit der Gesamtkapitalrentabilität vor Ertragsteuern. Diese Zusammensetzung ist gewählt, um Einflüsse aus der Finanzierungsstruktur und lokalen Ertragsteuerunterschieden für die Beurteilung der Wirtschaftlichkeit des investierten Kapitals zu eliminieren. Die Verknüpfung von Ergebnis und investiertem Kapital ist notwendig, da die Rentabilität eines Unternehmens nicht nur aus Ertragskomponenten (Deckungsbeitrag und Gewinn) besteht, sondern sich erst durch ihre Verbindung mit Investmentgrößen ergibt (ROI oder COI) oder wie es sich sloganartig formulieren lässt: »Kapitalrentabilität vor Umsatzrentabilität!«. Daraus resultiert das Anliegen des Controllers, auf Planungs- und Zielvereinbarungsebene neben Erfolgsgrößen vermehrt auch Bestandsgrößen (Waren-, Forderungs- und Anlagenbestände) als Größen einzubeziehen, die zu einem ROI verdichtet werden. Für Unternehmenseinheiten (z. B. Profit Centers), die nicht Gewinn, sondern einen Deckungsbeitrag (Contribution) als Zielgröße haben, könnte der ROI zu einem COI (Contribution On Investment) abgewandelt werden. Die Bezugsgröße bildet das Profit-Center-direkte-Kapital.

Besonders interessant wird der ROI dadurch, dass er sich fast beliebig in Teilziele »herunterbrechen« lässt. Mit ihm lassen sich viele Detailmaßnahmen ökonomisch beschreiben und in einer zentralen zusammenfassenden Ergebnisgröße, dem ROI, darstellen. An dieser Größe kann jeder Funktionsbereich im Unternehmen, z.B. Verkauf, Einkauf, Konstruktion, Entwicklung, Produktion, Marketing und Administration erkennen, wie er den ROI des Unternehmens beeinflussen kann.

Es gibt auch berechtigte Einwände gegen die Anwendung des ROI, die an dieser Stelle schon kurz vorab skizziert sein mögen. Gegen die Verwendung des ROI wird vor allem eingewandt, dass es sich bei ihm um eine Stichtagsgröße handele. Auch kann seine Höhe vom Abschreibungsverfahren beeinflusst werden. Zudem würde er Liquiditätseffekte nicht genügend berücksichtigen und er wird meistens vergangenheitsorientiert eingesetzt. Theoretisch exakter sind zweifelsohne Verfahren, die betriebsnotwendige Zahlungsströme der Zukunft auf die Gegenwart abzinsen. Hierbei handelt sich um eine Betrachtung von Zahlungen über mehrere Perioden in der Zukunft und das Abschreibungsverfahren ist nur zur Ermittlung der auszahlungswirksamen Ertragsteuern von Bedeutung. Diese Verfahren werden aufgrund ihrer Zahlungsorientierung auch als (Discounted) Cashflow-Verfahren bezeichnet. Unter der Maxime »Marktorientierung« wird als Bezugsbasis für die Renditeermittlung nicht das investierte Kapital auf Basis von Buchwerten angesetzt, sondern das mit Marktwerten bewertete zu verzinsende Eigen- und Fremdkapital. Die Zinssätze für die Verzinsung des Eigen- und des Fremdkapitals werden in diesen Verfahren ebenfalls aus marktüblichen Zinssätzen abgeleitet. Diese Verfahren, ähneln den Methoden der Investitionsrechnung und werden besonders zur Bewertung von Strategien und von Unternehmen im Rahmen der Akquisition und Fusion eingesetzt.

Für die Ergebnissensibilisierung während der operativen Planungsrunde auf der Basis gegebener Kapazitäten im Anlagevermögen sowie für die Performance-Messung auf Jahresebene sind aus unserer Sicht der ROI-Baum und die aus ihm abgeleiteten Verfahren auch weiterhin sehr gut geeignet. Auch heute ist für einen »operativen« Manager das Abzinsen noch nicht unbedingt jederzeit nachvollziehbar und das Anwenden einer unendlichen Rente kann eher zur Konfusion als zur Transparenz beim Gesprächspartner führen. Speziell folgende Aspekte sprechen **für die Anwendung des ROI-Baumes in der Controller-Praxis:**

- Umtopfen des ROI-Ziels als ein das gesamte Unternehmen betreffendes Ziel in arbeitsfähige Einzelziele mit persönlicher Adressierbarkeit dieser Ziele
- Einsehbarkeit vermitteln: wie kann jeder Budgetverantwortliche im Unternehmen den ROI beeinflussen?
- Sensitivitäten für eine Ergebnisveränderung darstellen: mit welche Maßnahmen reagiert die Unternehmensrendite besonders stark? Bei den Erlösschmälerungen, den Produktkosten (Fert.-Lohn, Mat.-Einsatz, Energie), den Strukturkosten (Mieten, Gehältern, Instandhaltungen) oder den Bestandspositionen des Umlauf- und Anlagevermögens?

Der Einsatz und die Präsentation des PC-gestützten ROI-Baumes eignet sich besonders zur ergebnismäßigen Sensibilisierung eines Zuschauerkreises anhand von »Wenn ... dann-Fragen«. Diese Sensibilisierung, durch den jeweiligen Unternehmens-ROI-Baum im PC erzeugt, kann einerseits zum Start einer Budgetrunde in einer Plenumsveranstaltung oder andererseits situativ in Kleingesprächen mit den Budgetverantwortlichen während eines Budgetgesprächs erfolgen. Gleichzeitig eignet sich der PC-gestützte ROI-Baum auch hervorragend als

Einstieg in Workshop-Runden, wenn es um bestimmte Aktions-
schwerpunkte und deren ergebnismäßige Darstellung geht.

Beispiele für »Wenn ..., dann ...-Fragen«

Welche Auswirkungen ergeben sich auf den ROI durch eine Verringerung der Fertigungstiefe? Welche Ergebniseffekte können
durch den vermehrten Einsatz von multifunktionalen Standard-
elementen statt spezieller Bauteile realisiert werden? Wie wirkt
sich eine Veränderung der durchschnittlichen Erlösschmäle-
rungsrate um einen Prozentpunkt aus? Welche Auswirkungen
auf den ROI hätte ein Aktionsprogramm bei den Strukturkosten? Dieses Fragen-Quartett möge ein kleiner Hinweis für die
vielfältigen Entscheidungssituationen im Unternehmen sein,
die durch den PC-gestützten ROI-Baum eine überzeugende Unterstützung erfahren. Sicherlich ist in vielen Fällen die genaue
Höhe einer sich verändernden Größe im ROI-Baum nicht bekannt. Dieses ist aber auch keine zwingende Notwendigkeit,
um am ROI-Baum, im Sinn einer Überzeugungsarbeit, mit den-
jenigen, die Maßnahmen planen und realisieren, Sensitivitäten
zu betrachten. Indem der ROI-Baum eine (zumeist verblüffende)
Einsehbarkeit vermittelt, wird von selbst eine Begründung, ein
»Telling why«, für durchzuführende Maßnahmen gegeben.

PC-Darstellung

Die Darstellung des ROI-Baumes ist abhängig von der Teilnehmerzahl. In Kleingesprächen eignet sich der PC-Bildschirm. Mit
zunehmender Teilnehmerzahl gewinnt die Beamerprojektion
an Bedeutung. Ergänzend wäre zu überlegen, ob ein »doppelter« ROI-Baum für die Betrachtung von »Wenn ... dann-Fragen«
weitere Vorteile aufweist. So könnte jeweils eine Ergebnissituation vor einer Veränderung mit der Ergebnissituation nach einer
Veränderung vergleichend nebeneinander betrachtet werden.

Auch könnte es bei größeren ROI-Baum-Anwendungen empfehlenswert sein, zur Erhöhung der Akzeptanz, den gesamten
ROI-Baum auf einer Pinwand darzustellen, bzw. Ausdrucke
(Hardcopies) der ROI-Baum-Version im PC verteilt zu haben.
Damit können einerseits bei der Betrachtung von Alternativen
die Ergebnisse von Varianten aus dem Teilnehmerkreis festgehalten werden. Andererseits bleibt so jederzeit die Übersichtlichkeit für die Kollegen erhalten, insbesondere für Non-Accountants. Sie können so besser nachvollziehen, in welchem
Zweig des ROI-Baumes sich die Diskussion zurzeit bewegt und
in welchen Verbindungen dieser Zweig zu anderen Ästen steht.

Anwendung: Preissenkung

Das folgende Beispiel zeigt die Auswirkung einer Erhöhung der
Verkaufspreise. Sie steigen um 5%, erkennbar an der Umsatzsteigerung um 5% bei gleichbleibenden prop. Kosten. Der ROI-
Satz steigt hieraus resultierend von 9,45% auf 17,01%. Also
wirkt sich eine Entscheidung hier deutlich positiv aus. Umso
wichtiger ist es für den Controller, hier Möglichkeiten zu prüfen. (Abbildung 3.1)

Hinweise zur Anwendung

Wie in der Abbildung 3.2 gezeigt wird, bietet es sich für kom-
plexere ROI-Baum-Demonstrationen am PC-Bildschirm an, den
Bildschirm, zur Steigerung der Performance, in zwei unverbun-
dene Ausschnitte (Windows) zu gliedern. In einem kleineren
Ausschnitt wird der jeweilige ROI als Ergebnis dargestellt, während in einem größeren Ausschnitt durch die Äste des ROI-Baumes gewandert werden kann. Unabhängig von der Komplexität
der ROI-Baum-Anwendung können im rechten Teil an jeder beliebigen Stelle Veränderungen vorgenommen werden, deren
Auswirkungen auf den ROI im linken Fenster sofort und ohne
zu »blättern« sichtbar werden.

Controller's Ergebnissensibilisierungs-Praxis

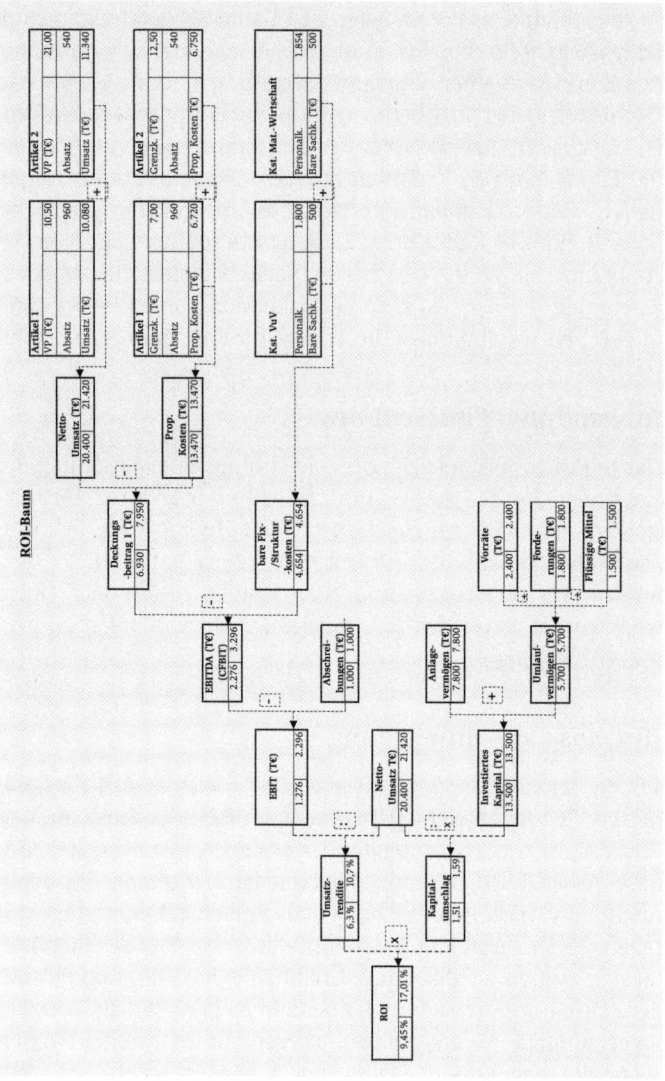

Abb. 3.1: »Doppelter« ROI-Baum zum Vergleich von Handlungsalternativen

82

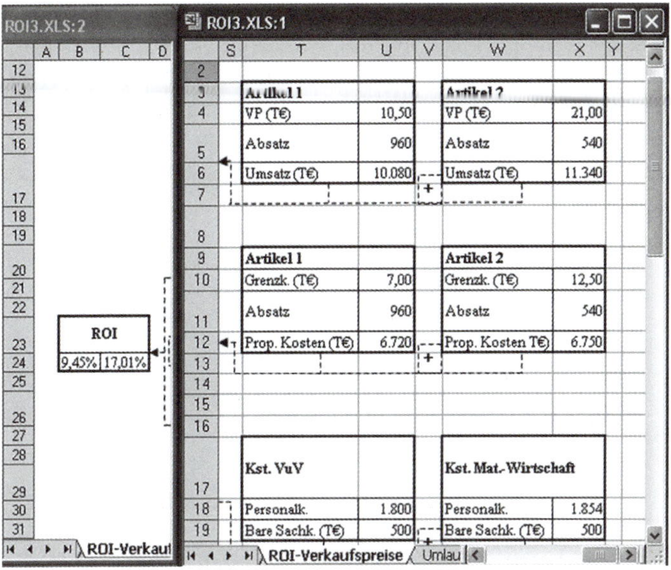

Abbildung 3.2: Fensteraufbau für den »doppelten«-ROI-Baum

Weitere Kritikpunkte am ROI-Baum

Der ROI-Baum mag genügend genau zur Darstellung von Sensitivitäten für kapitalintensive Unternehmen sein, deren Netto-Investitionssumme (Brutto-Investitionen minus Abschreibungen) gegen Null tendiert, d.h., die Abschreibungen werden weitgehend wieder reinvestiert, so dass die Bilanzsumme relativ konstant bleibt. Es handelt sich somit häufig um Unternehmen, die sich in ihrer Reifephase befinden. Es gibt weder ein bedeutendes Wachstum bei den Investitionen noch ein deutliches Investieren unterhalb der Abschreibungssumme. Bei starkem Wachstum verhält sich der ROI »unterproportional« während er durch negative Netto-Investitionen ansteigt. Das Beispiel eines Taxiunternehmers möge diesen Sachverhalt verdeutlichen: Er kauft ein Taxi zu Anschaffungskosten von 100.000 €.

Die wirtschaftliche Nutzungsdauer (= Abschreibungsdauer) beträgt 10 Jahre. Während dieser 10 Jahre möge der Taxifahrer ein Ergebnis von 10.000 € vor Ertragsteuern und Zinsen erzielen. Da der ROI jeweils auf Basis des investierten Kapitals (zu Restwerten) berechnet wird, ergibt sich ein wachsender ROI, der im 11. Jahr, zum Zeitpunkt der Investition in ein neues Fahrzeug, wieder sinken würde.

	Buchwerte zu Jahres- beginn	Abschr.	Erg. vor Zinsen und Steuern	ROI
Nd.: 10 J.				
1. Jahr	100.000	10.000	10.000	10%
2. Jahr	90.000	10.000	10.000	11%
10. Jahr	10.000	10.000	10.000	100%
11. Jahr	100.000	10.000	10.000	10%

Abbildung 3.3: Steigender ROI durch fallende Restbuchwerte

Welche Lösungsmöglichkeiten bieten sich für diese Problemstellung an? Zunächst könnte der ROI auf das durchschnittlich gebundene Kapital bezogen werden, indem in die ROI-Ermittlung das Anlagevermögen nur mit dem durchschnittlich gebundenen Kapital einfließt (= Anschaffungskosten / 2)). Dann blieben noch folgende weiteren Aspekte zu klären:

1. ROI-Verbesserung durch Inflation
   Bei Inflation würde sich das Ergebnis nach Steuern innerhalb eines 10-Jahreszeitraums nominal erhöhen. Da die Bezugsgröße »durchschnittlich investiertes Kapital« zu historischen (= konstanten) Anschaffungskosten bewertet wurde, würde sich somit rechnerisch eine ROI-Verbesserung ergeben.

2. Weiterhin bedeutet ein positiver ROI noch keine genügende Eigenkapitalverzinsung. Der ROI ist somit mit einer die Kosten des Gesamtkapitals deckenden Zielgröße zu verbinden.

3. Der ROI kann durch eine Veränderung der Abschreibungsdauer und sonstiger nicht zahlungswirksamer Positionen »in Grenzen« gestaltet werden. Insbesondere durch taktisches Ausnutzen der Abschreibungsdauer innerhalb von gegebenen Ermessensspielräumen lässt sich das Ergebnis vor Steuern nach Geschäftssituation etwas gestalten. Hier bestünde die Möglichkeit, auf eine Ergebnisgröße zu wechseln, die keine Abschreibungen enthält z. B. den Cash Flow.

Mehrere Verfahren haben sich dieser Einschränkungen des ROI in letzter Zeit angenommen, insbesondere:

- **Shareholder Value (SHV)**
  Literatur: Rappaport, Alfred, Creating Shareholder Value, A Guide for Managers and Investors, 12.1997
- **Economic Value Added (EVA)**
  Internet-Quelle: www.sternstewart.com
- **Cash Flow Return On Investment (CFROI)**
  Literatur:
  - Lewis, Thomas G. / Stelter, Steigerung des Unternehmenswertes,Total Value Management
  - Bartley J. Madden – CFROI Valuation
  Internet-Quelle: www.valuebasedmanagement.net

Das Shareholder Value Verfahren (SHV) ist zwar vom Begriff her das bekannteste Verfahren, dennoch sind in Unternehmen überwiegend das EVA®- und CFROI-Verfahren anzutreffen, die als »Untermengen« des Shareholder-Value-Begriffes bezeichnet werden können. Die nun folgende Gegenüberstellung der Verfahren möge insbesondere die Intention dieser Verfahren darstellen und Mut machen, auch wenn sich über akademische Feinheiten trefflich diskutieren ließe, ihnen unter Berücksichtigung auch weiterer Interessensgruppen (Stakeholder) zu folgen. Ein Vorstand formulierte seine Interpretation dieser wertorientierten Verfahren einmal wie folgt: »Wir praktizieren Value Based Management, aber wir kommunizieren es nicht in Form <u>einer Zahl</u>, deren Prämissen überaus erklärungsbedürftig wären, sondern als <u>eine Richtung</u>!«

Shareholder Value

Das Shareholder Value Verfahren gehört fachlich zu den dynamischen Verfahren der Investitionsrechnung. Rechentechnisch entspricht es dem Kapitalwertverfahren. Die Formel zur Ermittlung des SHV lautet:

$$SHV = \sum_{t=1}^{n} \frac{FCF_t}{(1+i)^t} + \frac{FW}{(1+i)^n} - FK$$

Abbildung 3.4: Der Shareholder Value (SHV) als Formeldarstellung

Dabei sind: SHV = Shareholder Value, FCF = Free Cash Flow, FW = Fortführungswert, FK = Barwert des Fremdkapitals, i = Kapitalisierungszinsfuß (gewichtete Kapitalkosten), t = Planungsperiode, n = Planungshorizont

Oder in Worten ausgedrückt: Über den Betrachtungszeitraum, der sich in eine Detailplanungsphase und eine Fortführungsphase gliedert, werden Cash Flows ermittelt und auf den Gegenwartszeitpunkt abgezinst. Von diesem Wert wird das Fremdkapital abgezogen. Es verbleibt der Wert, der den Eigenkapitalgebern zugerechnet werden kann: der Shareholder Value.

Während dieses Verfahren als Kapitalwertverfahren der Investitionsrechnung zunächst zur Quantifizierung einzelner Investitionsobjekte eingesetzt wurde, zielt das methodisch ähnliche Verfahren des Shareholder Value auf die Quantifizierung einzelner Strategien: schaffen sie einen Wertzuwachs für die Anteilseigner und wie hoch ist dieser Wertzuwachs? Das Shareholder Value Verfahren setzt sich aus drei Stufen zusammen:

1. Free-Cash Flow-Ermittlung,
2. Ermittlung der Barwerte durch Abzinsen,
3. Differenzierung des Barwertes des Unternehmens nach Bezugsgruppen.

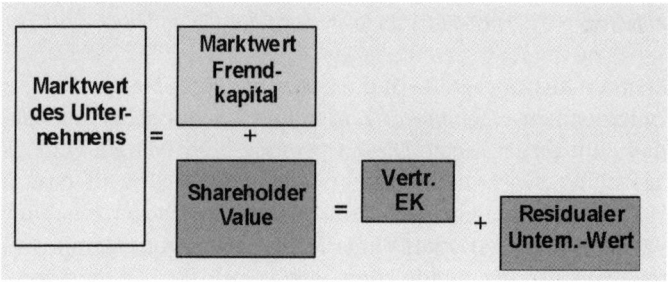

Abbildung 3.5: Differenzierung des Barwertes einer Unternehmung nach Kapitalgebergruppen

Beispielhaft möge dieses Verfahren anhand eines Unternehmens dargestellt werden, das in den nächsten 5 Jahren mit dem bestehenden Sortiment ein Umsatzwachstum von jeweils 3 Prozent zum Vorjahreswert erzielen möchte. Die Entscheidung soll vom Shareholder Value abgeleitet werden, der sich als Differenz zwischen dem Gesamtkapitalwert des Unternehmens und dem Marktwert des Fremdkapitals ergibt. Um die Datenreihe zur Ermittlung des Shareholder Value bilden zu können, sind vom Controller-Dienst folgende Rahmendaten bereitgestellt worden:

Number of periods in forecast	5
Sales (last historical period)	100.000
Sales growth rate	3%
Operating profit margin (= EBIT/Sales*100)	9%
Cash income tax rate	30%
Incremental fixed capital investment	25%
Incremental working capital investment	23%
Cost of Capital	10,04%
Marketable securities & investments	7.000
Market value of debt & other obligations	19.000

Abbildung 3.6: Shareholder Value Ausgangsdaten

Zentrale Ausgangsgröße ist die Operating Profit Margin, die das Unternehmensergebnis vor Zinsen und Steuern (EBIT) in Relation zum Umsatz setzt. Diese Operating Profit Margin wird als auszahlungswirksam betrachtet, indem unterstellt wird, dass in Höhe der Abschreibungen zum Zweck der Substanzerhaltung wieder reinvestiert wird. Wird die Operating Profit Margin (%) mit dem Umsatz multipliziert, ergibt sich der zahlungswirksame Operating Profit. Um zum Operating Profit Cash Flow in der nachfolgenden Abbildung zu gelangen, ist noch eine Berücksichtigung der auszahlungswirksamen Ertragsteuern erforderlich. Dieses wird erreicht, indem der Operating Profit mit dem Faktor (1-Steuerquote) multipliziert wird.

Auszahlung für Erweiterungsinvestitionen, die erforderlich sind, um die Infrastruktur für die Umsatzsteigerung bereitzustellen, werden durch die Kennzahl »Incremental Fixed Capital Investment (%)« berücksichtigt. Sie ist definiert als: Netto-Investitionen tn/ (Umsatz tn – Umsatz tn-1) x 100. Ebenso finden bei einer Geschäftsexpansion Erhöhungen im Working Capital statt (+ Bestandsaufbau von Vorräten und Forderungen – Bestandsaufbau Lieferantenverbindlichkeiten). Indem die Veränderung des Working Capital auf die Umsatzveränderung

Year	Sales	Operating Profit Cash Flow	Incremental Fixed Capital Investment	Incremental Working Capital Investment	Total Cash Flow	Present Value of Cash Flow	Cumulative PV of Cash Flow	Future Value of Residual Value	Present Value of Residual Value	Cumulative PV CF + PV RV	Increase Value
0	100.000	6.300						62.749	62.749	62.749	
1	103.000	6.489	750	690	5.049	4.588	4.588	64.631	58.735	63.323	574
2	106.090	6.684	773	711	5.200	4.295	8.883	66.570	54.977	63.860	537
3	109.273	6.884	796	732	5.356	4.020	12.903	68.568	51.460	64.363	503
4	112.551	7.091	820	754	5.517	3.763	16.666	70.625	48.167	64.833	471
5	115.927	7.303	844	777	5.683	3.522	20.188	72.743	45.086	65.274	441
											2.525

Present Value of Cash Flows:	20.188
Present Value of Residual Value:	45.086
Marketable Securities & Investments:	7.000
CORPORATE VALUE:	72.274
Less: Market Value of Debt & Other:	19.000
SHAREHOLDER VALUE:	53.274

Abbildung 3.7:
Shareholder Value Berechnung

bezogen wird, ergibt sich als Kennziffer das Incremental Working Capital Investment, das in diesem Beispiel bei 23 Prozent liegt. Um für diese Strategie in der obigen Abbildung zum Total Cash Flow zu gelangen, welcher im Rahmen der Shareholder-Berechnung auch als »Free-Cash-Flow« bezeichnet wird, werden vom Operating Profit Cash Flow, das Incremental Fixed Capital Investment und Incremental Working Capital Investment subtrahiert.

Cost of Capital

Im nächsten Schritt sind für die geplanten Total Cash Flows der einzelnen Jahre die Gegenwarts- oder Barwerte zu bestimmen. Zur Bestimmung des Abzinsfaktors werden die Kapitalkosten der Firma entsprechend dem Capital Asset Pricing Model (CAPM) in der nachfolgenden Abbildung ermittelt: Die Kapitalkosten entsprechen dem gewichteten Durchschnitt der Kosten für das Fremdkapital und das zur Verfügung gestellte Eigenkapital (= Weighted Average Cost of Capital, WACC). Die Kosten für das Fremdkapital werden meistens aus dem aktuellen Marktzinssatz für langfristiges Fremdkapital abgeleitet. Die Kosten für das Eigenkapital entsprechen normalerweise der gewünschten Mindestverzinsung, die einem Investor dazu führt, Anteile der Firma zu erwerben. Als Annahme wird meistens unterstellt, dass der Investor die Verzinsung für langfristige Staatsanleihen plus einem adäquaten Risikoaufschlag erhalten möchte, da die Anteile der Firma durch Haftungs- und Verlustrisiken mit einem höherem Risiko behaftetet sind. Dieser Risikozuschlag wird maßgeblich durch die erwartete Variabilität zukünftiger Erträge einer Firma beeinflusst.

Für börsennotierte Aktiengesellschaften wird der Risikofaktor ermittelt, indem das allgemeine Marktrisiko mit dem Beta-Faktor für die Aktien des jeweiligen Unternehmens multipliziert wird. Das Marktrisiko kann ermittelt werden, indem man von der langfristigen Marktrendite der Aktiengesellschaften im jeweiligen Geschäftsfeld, die sich aus ausgeschütteter Dividende und Kurssteigerung zusammensetzt, die Verzinsung für risikoloses Kapital subtrahiert.

Der Beta-Faktor spiegelt die Volatilität einer Aktie im Vergleich zum Gesamtmarkt wieder. Ist der Beta-Faktor einer Aktie größer als 1 ist diese Aktie volatiler und hat somit ein höheres Risiko. Ein Beta-Faktor kleiner als 1 kennzeichnet ein unterdurchschnittliches Risiko. Ein Beta-Faktor von 0 steht für risikolose Papiere. Der Beta-Faktor eines Wertpapiers wird mittels einer linearen Regressionsanalyse zwischen der Rendite eines Wertes und der Rendite eines Marktindex ermittelt.

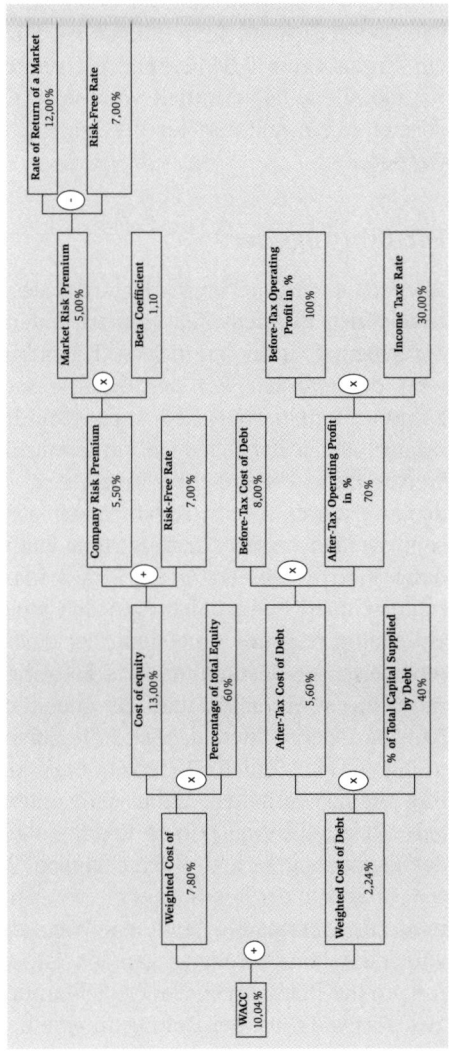

Abbildung 3.8:
Ermittlung des WACC

Bei der Schätzung der Kapitalkosten ist es besonders wichtig, die Kapitalanteile auf der Basis einer langfristigen Ziel-Kapital-Struktur mit Marktwerten zu ermitteln, wobei für das Eigenkapital ein Zielkurs zu definieren ist. Für dieses Beispiel möge ein Zinssatz von 10,04 Prozent zur Verzinsung des eingesetzten Kapital (i = 0,104) ermittelt worden. Damit können nach der Formel Abzinsfaktoren für die Jahre (t = 1 bis t = 5) gebildet werden.

Fortführungswert

Als Fortführungswert wird der Anteil des Unternehmenswertes bezeichnet, der dem Zeitraum nach der Detailplanungsphase zurechenbar ist. In den meisten Fällen bildet der Fortführungswert den größten Teil des Unternehmenswertes. Sein Wert hängt unmittelbar von den Annahmen des Detailplanungszeitraumes ab. Leider bestehen zur Ermittlung des Fortführungswertes keine einheitlichen Richtlinien. Es bestehen verschiedene Verfahren, die in Abhängigkeit von der Situation eingesetzt werden können. Zum Beispiel kann ein möglicher Liquidationswert angesetzt werden, falls man sich von einer Geschäftseinheit lösen möchte. In den meisten Fällen wird aber ein »going concern« unterstellt, der eine angemessene Verfahrensweise zur Bestimmung des Fortführungswertes erfordert. Eines dieser Verfahren wird als unendliche Rente bezeichnet. Es wird angenommen, dass sich die Ergebnisse einer Unternehmung wie ein jährlich wiederkehrender konstanter Zahlungsbetrag (Rente) verhalten. Dabei wird unterstellt, dass langfristig jede Firma, die eine höhere Rendite als die gewünschte Mindestverzinsung erzielt, wahrscheinlich Wettbewerber anlockt, die ein Sinken der Rendite auf die von den Inhabern gewünschte Mindestverzinsung bewirken. Wenn die Rendite auf die gewünschte Mindestrendite gefallen ist, wirken sich Veränderungen der Betrachtungsdauer nicht auf den Shareholder Value aus. Das wäre nur der Fall, wenn eine Über- oder Unterrendite erzielt würde. Daher können die zukünftigen Cash Flows als unendliche Rente betrachtet werden.

Der Gegenwartswert einer unendlichen Rente ergibt sich einfach durch Division des erwarteten jährlichen Operating Profit Cash Flow nach Steuern durch die Kapitalkosten oder als Formel:

$$B = \frac{r}{i}$$

B = nachschüssiger Barwert
r = Rente
i = Kalkulationszins

Abbildung 3.9: Formel für die Ermittlung eines nachschüssigen r Rentenbarwertes (B) einer unendlichen Rente

Die Ermittlung der unendlichen Rente sollte dabei eher auf Basis des Operating Profit Cash Flow als des Cash Flow erfolgen, da keine expansiven Investitionen in das AV und das WC berücksichtigen werden müssen. Das bedeutet aber nicht, dass zukünftige Investitionen nicht den Cash Flow beeinflussen oder keine Investitionen benötigt werden, sondern nur, dass sie sich in Höhe der Kapitalkosten verzinsen und somit keinen Einfluss auf eine Veränderung des Unternehmenswertes haben.

Die in Abbildung 3.7 gezeigte Ermittlung des Shareholder Value zeigt die zuvor genannten Ausgangswerte und ermittelt den zusätzlichen Shareholder Value (Increase Value), der durch eine verändernde Strategie geschaffen werden soll. Der Wertzuwachs beträgt in der Tabelle 3.7 zur Berechnung des Shareholder Value 2.525 € (= 65.274 (Wert der abgezinsten Cash Flows im Jahr 5,) – 62.749 (Wert der abgezinsten Cash Flows in der Ausgangssituation)). Der zusätzliche Shareholder Value durch diese Strategie ergibt sich somit als Differenz zwischen den abgezinsten kumulierten Cash Flows vor dieser Strategieänderung (= heute) und dem kumulierten Wert der abgezinsten Cash Flows nach dieser Strategie. In diesem Fall schafft das Management einen Wertzuwachs. Der Vor-Strategie-Wert beschreibt den Wert des Unternehmens heute, ohne dass zusätzliche werterhöhende Maßnahmen unterstellt werden. Er wird ermittelt, indem der Ist-Operating-Profit-Cash Flow des letzten Jahres durch die Kapitalkosten dividiert wird. In diesem Beispiel wird er wie folgt ermittelt:

Vor-Strategie-Wert = (Operating Profit Cash Flow / Kapitalkosten) + Wertpapiere des UV – Marktwert des zu verzinsenden Fremdkapitals = (6.300 / 0,104) + 7.000 – 19.000 = 50.749 €. Der Shareholder Value nach der Strategie beträgt 53.274 €. Es ist somit ein zusätzlicher Wert geschaffen worden. Der jährliche Wertzuwachs (letzte Spalte) ergibt sich, indem pro Jahr von dem kumulierten Present Value Cash Flow + Present Value of Residual Value der entsprechende Vorjahreswert subtrahiert wird.

Von großer Bedeutung ist auch die Analyse der Werttreiber, die für dieses Beispiel anhand dieser »Sensitivitäts-Matrix« gezeigt sei:

1-Prozentpunkt Veränderung in diesem Kriterium wirkt sich auf den Shareholder Value aus:	in €	in %
Absatzwachstumsrate	903	1,7 %
EBIT/Umsatz *100 (Operating Profit-Margin)	7.892	14,8 %
Steuerquote	-791	-1,5 %
Quote zusätzl. Investitionen	-120	-0,2 %
Quote zusätzl. WC- Investitionen	-120	-0,2 %
Cost of Capital	-6.530	-12,3 %

Abbildung 3.10: Relativer Einfluss der Werttreiber auf den Shareholder Value

Wenn die Absatzwachstumsrate mit der Umsatzrendite (vor Steuern und Zinsen) verglichen wird, wird deutlich, dass ein Absatzwachstum um 1 Prozentpunkt einen Wertzuwachs von 903 € bringt, während eine Verbesserung der Brutto-Umsatzrendite von 9 % auf 10 % eine Wertsteigerung von 7.892 € erzielt. **Der Unternehmenswert wird also deutlich stärker durch die Marge und weniger durch das Umsatzwachstum bestimmt.**

Einschränkungen des Shareholder Value Konzeptes

Die Liste der »Wenns« und »Abers« ist beim SHV-Konzept lang. An erster Stelle werden häufig die Komplexität und die Schwierigkeit der Nutzung sowie die Kommunikation der Ergebnisse genannt. Häufig sind auch die erforderlichen Ausgangsdaten nicht aus dem Finanz- und Rechnungswesen zu generieren. Auch gibt es manchmal nicht genügend Akzeptanz für die ermittelten Werttreiber beim Management, zum Beispiel zur Höhe der Kapitalkosten oder zur Bestimmung des Detailplanungszeitraumes. Weiterhin liegen noch Bedenken in der Bestimmung des Fortführungswertes vor. Sein Wert ist der am weitesten in der Zukunft liegende und somit mit der größten Unsicherheit behaftet. Schließlich ist noch eine Einschränkung des strategisch kreativen Denkens möglich, da eventuell zu früh zu einer Quantifizierung gegriffen wird. Auch gestaltet sich die Bewertung vollkommen neuer Märkte, deren Möglichkeiten noch nicht bekannt sind, schwer.

Vorteile des Shareholder Value Konzeptes

Das Shareholder Value Konzept bietet auch zahlreiche Vorteile für die finanzielle Unternehmenssteuerung. Zunächst bietet es eine einheitliche Basis für die Ressourcenzuteilung von internem und externem Kapital sowie für die Beurteilung der Management-Performance. Weiterhin legt es den Fokus von der kurzfristigen Jahresbetrachtung oder gar Vergangenheitsorientierung auf die Mehrjahres- und Zukunftsperspektive. Auch wird die Bildung von »Seilschaften« bei der Bewilligung von Sparten- oder Investitionsbudgets auf eine zahlenmäßige Basis gestellt. Schließlich kann es als Standard für die Kommunikation mit den Finanzmärkten dienen und mögliche Reaktionen vom Markt auf die angedachten Strategien vorwegnehmen.

Economic
Value Added (EVA®)

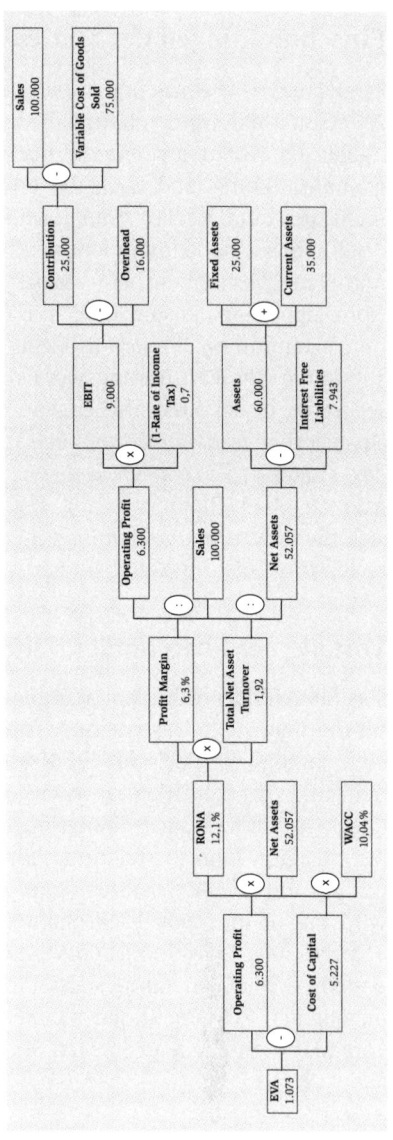

Abbildung 3.11:
Werttreiberbaum nach EVA®

Das EVA® -Verfahren ist eine Erweiterung des ROI-Baumes und unter Berücksichtigung seiner »Ableger« sehr populär. Seine wesentlichen Inhalte sind durch Stern Stewart & Co. www.sternstewart.com definiert worden. Seine Grundformel lautet: EVA® = Net Operating Profit After Taxes – (Capital x % Cost of Capital) oder auf Deutsch: Betriebsergebnis vor Zinsen und nach Steuern minus Opportunitätskosten für das im Unternehmen gebundene Kapital. Damit könnte man auch meinen, dass das EVA®-Konzept bis zu dieser Stelle mit dem »klassischen« deutschen Betriebsergebnis (nach Ertragsteuern unkalkulatorischen Zinsen auf das betriebsnotwendige Kapital) ähnelt. Mit diesem Ansatz soll sichergestellt werden, dass auch das Eigenkapital in entsprechender Weise verzinst wird und nicht nur (wie in der GuV) die Fremdkapitalverzinsung dargestellt wird.

Dieses Verfahren gleicht auf Jahresebene bis zur Ermittlung des Operating-Profits weitgehend dem Shareholder-Value-Verfahren. Beim SHV-Verfahren werden auf Jahresebene aus dem Operating Profit noch der Free Cash Flow ermittelt, der über eine Abzinsung mit den Kapitalkosten den Marktwert des Unternehmens ergibt. Beim EVA-Ansatz werden auf Jahresebene vom Operating-Profit zunächst noch die Gesamtkapitalkosten abgezogen, um zum Economic Value Added zu gelangen, der auch als »Übergewinn« auf Jahresebene im Vergleich zu einem betriebswirtschaftlichen Mindestgewinn bezeichnet werden könnte.

Die meisten Unternehmen kommunizieren ihren Mitarbeitern und den Shareholdern ausschließlich den EVA® bzw. (firmenspezifische) Wertbeitrag für 1 Jahr. So zum Beispiel bei der Metro-Gruppe, einem der großen Anwender des EVA®-Verfahrens im deutschsprachigen Raum. Zunächst sei die Ermittlungdes WACC als Prozentsatz auf die Gesamtkapitalkosten für das Jahr 2007 gezeigt.

EVA® bei der Metro-Gruppe

Berechnung des Kapitalkostensatzes (WACC)

(gewichteter Gesamtkapitalkostensatz bzw. Konzern-WACC)

EIGENKAPITALKOSTENSATZ		FREMDKAPITALKOSTENSATZ	
Zinssatz für risikofreie Anlagen	4,2%	Zinssatz für risikofreie Anlagen	4,2%
+		+	
Marktrisikoprämie	5,0%	Durchschnittlicher, langfristiger	
x Betafaktor	1,0	Risikozuschlag	1,5%
(spezifische Risikoprämie für METRO Group)		=	5,7%
		– Steuereffekt (40%)	–2,3%
=	9,2%	=	3,4%
Gewichtung zu Marktwerten	54%	Gewichtung zu Marktwerten	46%
		6,5% Konzern-WACC	

Abbildung 3.12: Ermittlung der Kapitalkosten im Jahresabschluss 2007 der Metro AG (Quelle: GB 07, Konzernabschluss der Metro Group, S. 47)

Mit diesem Prozentsatz wird nun das Geschäftsvermögen der Vertriebslinien der Metro AG belastet. Das Geschäftsvermögen ist dabei wie folgt definiert: Bilanzsumme – unverzinsliche Verbindlichkeiten ((Verb. aus LuL, Rückstellungen etc.) + Barwert der Miet- und Leasingverpflichtungen (Operating Lease) + /- Neutralisierung nicht-operativer Effekte. Wird der WACC von 6,5% nun auf das nachfolgend dargestellte Geschäftsvermögen von Metro Cash & Carry bezogen, ergeben sich für Metro Cash & Carry Kapitalkosten, die auch Cost of Capital oder Capital Charge bezeichnet werden, in Höhe von 448 Mio. €. Diesen Kapitalkosten wird nachfolgend nun das Geschäftsergebnis (= Ergebnis der gewöhnlichen Geschäftstätigkeit (EGT) + Zinsaufwendungen + Zinsanteil aus Miet- und Leasingverpflichtungen (Operating Lease) + /- Neutralisierung nicht-operativer Effekte – Ertragsteuern) für Metro Cash & Carry in Höhe von 1.005 Mio. € gegenübergestellt. Es ergibt sich ein EVA (= Übergewinn gegenüber der Kapitalkostendeckung) in Höhe von 557. Dieser EVA ist um 88 Mio. € höher als im Vorjahr. Metro Cash

& Carry hat somit zur Wertsteigerung des Unternehmens im Vergleich zum Vorjahr beigetragen.

Entwicklung des EVA

	Geschäfts-ergebnis Mio. €	Geschäfts-vermögen Mio. €	EVA Mio. €	RoCE %	Delta-EVA¹ Mio. €
Metro Cash & Carry	1.005	6.891	557	14,6	88
Real	113	6.215	-291	1,8	-4
Media Markt und Saturn	480	2.557	314	18,8	20
Galeria Kaufhof	76	1.071	6	7,1	33
Sonstige Gesellschaften/Konsolidierung	257	4.693	-48	-	-25
METRO Group	1.931	21.427	538	9,0	112

¹Dem Delta-EVA liegen adjustierte Vorjahreswerte zu Grunde

Abbildung 3.13: EVA-Darstellung der Metro-AG nach Vertriebslinien bei einem Konzern-WACC von 6,5%
(Quelle: GB 07, Konzernabschluss der Metro Group, S. 48)

Wertorientierte Kennzahlen in der Finanzbericht-Erstattung von E.ON

Als weiteres Beispiel zur Ermittlung eines Wertbeitrages möge eine Darstellung von E.ON dienen. E.ON verwendet ein »Adjusted EBIT« als Ausgangsgröße für die Ermittlung eines Value Added bzw. Wertbeitrages. Das Adjusted EBIT ergibt sich aus dem Konzernüberschuss, der um folgende Größen korrigiert wurde: Ergebnis aus nicht fortgeführten Aktivitäten, Steuern vom Einkommen und Ertrag, sonstiges nicht operatives Ergebnis, Aufwendungen für Restrukturierung, Netto-Buchgewinne und das nicht-wirtschaftliche Zinsergebnis.

Dieses Adjusted EBIT wird zur Ermittlung des ROCE in Relation zum Capital Employed aus fortgeführten Aktivitäten gesetzt. Dabei handelt es sich um das zu verzinsende Kapital, das sich insbesondere aus der Aktivseite der Bilanz zusammensetzt, aber um sich selbst verzinsende Positionen (Bankguthaben und Wertpapiere) und zinsfreie Positionen der Passivseite (unverzinsliche Rückstellungen u. Lieferantenverbindlichkeiten) reduziert wurde. Der ROCE beträgt im nachfolgend gezeigten E.ON-Beispiel für 2007 14,5%. Der Zinssatz für die Kapitalkosten (WACC) bei E.ON, dessen Ermittlung weiter unten

gezeigt wird, beträgt 9,1 %. Es ergibt sich eine sogenannte Überrendite von 5,4 %, die auch als Spread bezeichnet wird. Wird
die Überrendite in Bezug auf das Capital Employed gesetzt,
zeigt sich ein Value Added (Übergewinn) von 3.417 Mio. €. Das
Adjusted EBIT von 9.208 Mio. € war somit um 3.417 Mio. € höher als zur Deckung der Kapitalkosten für die Bereitstellung
von Eigen- und Fremdkapital erforderlich gewesen wäre.

Wertentwicklung		
in Mio €	2007	2006
Adjusted EBIT	9.208	8.356
Goodwill, immaterielle Vermögensgegenstände und Sachanlagen	69.597	61.698
+ Beteiligungen	22.994	21.303
+ Vorräte	3.811	4.199
+ Forderungen aus Lieferungen und Leistungen	9.064	9.760
+ Übrige unverzinsliche Vermögenswerte und aktive latente Steuern	13.317	12.561
- Unverzinsliche Rückstellungen[1]	6.024	5.614
- Unverzinsliche Verbindlichkeiten und passive latente Steuern	35.132	36.149
- Bereinigungen[2]	9.692	6.267
Capital Employed der fortgeführten Aktivitäten zum Stichtag	67.935	61.491
Capital Employed der fortgeführten Aktivitäten im Jahresdurchschnitt[3]	63.287	60.756
ROCE	14,5 %	13,8 %
Kapitalkosten	9,1 %	9,0 %
Value Added	3.417	2.916

1) Zu den unverzinslichen Rückstellungen zählen im Wesentlichen kurzfristige Rückstellungen. Insbesondere Pensions- und Entsorgungsrückstellungen werden nicht in Abzug gebracht.
2) Bereinigungen bei der Ermittlung des Capital Employed betreffen die Marktbewertungen von übrigen Beteiligungen (unter Berücksichtigung latenter Steuerwirkungen) sowie betriebliche Verbindlichkeiten, die gemäß IAS 32 für bestimmte Kaufverpflichtungen gegenüber Minderheitsgesellschaftern zu bilden sind. Die Bereinigung der Marktbewertungen bezieht sich insbesondere auf unsere Beteiligung an Gazprom.
3) Um innerjährliche Schwankungen in der Kapitalbindung besser abzubilden, ermitteln wir das durchschnittliche Capital Employed als Mittelwert von Jahresanfangs- und -endbestand sowie der Bestände an den drei Quartalsstichtagen. Das Capital Employed der fortgeführten Aktivitäten betrug zum 31. März 2007 62.374 Mio €, zum 30. Juni 2007 62.004 Mio € und zum 30. September 2007 62.630 Mio €.

*Abbildung 3.14: Ermittlung des Return on Capital Employed /ROCE)
und des Value Added bei der E.ON AG
(Quelle: GB 07, E.ON AG, S. 45)*

Kapitalkosten	2007	2006
Risikoloser Zinssatz	4,3%	5,1%
Marktprämie[1]	4,0%	5,0%
Beta-Faktor[2]	0,85	0,7
Eigenkapitalkosten nach Steuern	**7,7%**	**8,6%**
Steuersatz	33%	35%
Eigenkapitalkosten vor Steuern	11,5%	13,2%
Fremdkapitalkosten vor Steuern	4,7%	5,6%
Tax Shield (35%)[3]	1,6%	2,0%
Fremdkapitalkosten nach Steuern	**3,1%**	**3,6%**
Anteil Eigenkapital	65%	45%
Anteil Fremdkapital	35%	55%
Kapitalkosten nach Steuern	**6,1%**	**5,9%**
Kapitalkosten vor Steuern	**9,1%**	**9,0%**

1) Die Marktprämie entspricht der langfristigen Überrendite des Aktienmarktes im Vergleich zu Bundesanleihen.
2) Der Beta-Faktor dient als Maß für das relative Risiko einer einzelnen Aktie im Vergleich zum gesamten Aktienmarkt: Ein Beta >1 signalisiert ein höheres Risiko, ein Beta <1 dagegen ein niedrigeres Risiko als der Gesamtmarkt.
3) Mit dem sogenannten Tax Shield wird die steuerliche Abzugsfähigkeit der Fremdkapitalzinsen in den Kapitalkosten berücksichtigt. Der hierbei relevante Steuersatz weicht für das Geschäftsjahr 2007 leicht vom durchschnittlichen Steuersatz des E.ON-Konzerns ab.

Abbildung 3.15: Ermittlung der Kapitalkosten (WACC) (Quelle: GB 07, E.ON AG, S. 44)

Maßnahmen zur Verbesserung des EVA®

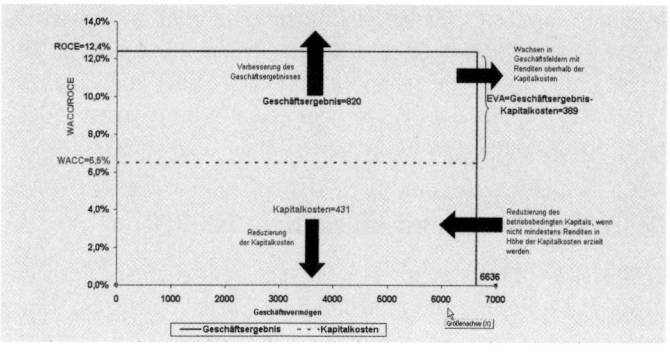

Abbildung 3.16: Richtungen des EVA®-Managements

Die vorhergehende Excel-Grafik symbolisiert die Beeinflussungsmöglichkeiten des EVA®. Auf der Y-Achse wird zunächst der Kapitalkostensatz (WACC) abgetragen und auf der X-Achse das Capital Employed bzw. Geschäftsvermögen. Das mathematische Produkt dieser beiden Größen sind die absoluten Kapitalkosten (Cost auf Capital), in der Abbildung als Fläche mit gestricheltem Rand erkennbar. Wird in einem zweiten Schritt auf der Y-Achse der Return on Capital Employed abgetragen (ROCE) und mit den Capital Employed multipliziert, ergibt die Fläche des sich ergebenden Rechtecks den Operating Profit, mit durchgezogener Randlinie dargestellt. Die Fläche zwischen Operating Profit und Cost of Capital wird als EVA® bezeichnet. Formelmäßig lässt sie sich als Capital Employed x (ROCE – WACC) darstellen. Die Möglichkeiten, den EVA® zu steigern, liegen zunächst in einer Erhöhung des ROCE bei konstantem Capital Employed. In einem zweiten Schritt wird zumeist versucht, eine EVA®-Verbesserung durch einen mindestens konstanten Operating Profit bei gleichzeitig geringerem Capital Employed zu erzielen, indem eine Verringerung des Working Capital erfolgt. In einem dritten Schritt erfolgt eine Veränderung der Capital Employed durch Devestionen falls der ROCE eines Geschäftsbereiches nachhaltig unter dem WACC liegt bzw. das Investieren in Märkte mit Renditen oberhalb der Kapitalkosten. In einem weiteren Schritt ist noch eine EVA®-Verbesserung durch eine Reduzierung der Kapitalkosten anzudenken. Einflussmöglichkeiten bestehen (in Grenzen) über die Finanzierungsstruktur, den Beta-Faktor, Börsennotierung, Investor-Relation, Ertragsteuerentlastung durch Standortentscheide etc.

Cash Flow Return on Investment (CFROI)

Teilweise wird wertorientiertes Management auch auf Basis des Cash Flow Return on Investment (CFROI) betrieben. Diese Kennzahl wird gewählt, um bilanzielle Einflüsse (z.B. durch die Abschreibungspolitik) zu reduzieren und die Aussagefähigkeit der Kennzahl zur Performance-Messung zu erhöhen. Der CFROI berechnet sich als Verhältnis des Brutto-Cashflows (BCF) aus der Finanzierungsrechnung des Jahresabschlusses zum Investitionswert (IW). Die Bayer AG, Anwender dieses Verfahrens, ermittelt den Brutto-Cashflow wie folgt:

in Mio €	Anhang	2006	2007
Ergebnis nach Steuern aus fortzuführendem Geschäft		1.526	2.306
Ertragsteuern		454	-72
Finanzergebnis		782	920
Ausgaben gezahlte Ertragsteuern		-763	-915
Abschreibungen auf Sachanlagen und immaterielle Vermögenswerte		1.913	2.712
Veränderung Pensionsrückstellungen		-295	-369
Gewinne (-)/Verluste (+) aus Abgang von Anlagevermögen		-133	-13
Nicht zahlungswirksame Effekte aus der Neubewertung übernommener Vermögenswerte (Work-Down der Vorräte)		429	215
Brutto-Cashflow		3.913	4.784

Abbildung 3.17: Brutto-Cashflow-Ermittlung des Bayer-Konzern, Geschäftsbereicht 2007, S.100

Der IW wird aus der Bilanz abgeleitet und setzt sich grundsätzlich aus den betriebsnotwendigen Sachanlagen und immateriellen Vermögenswerten zu Anschaffungs- und Herstellungskosten sowie dem Working Capital nach Abzug von zinslosem Fremdkapital (z. B. Rückstellungen) zusammen. Um unterjährige Kapitalschwankungen einzubeziehen, wird häufig vom durchschnittlichen Investitionswert eines Jahres ausgegangen.

Da bei diesem Verfahren mit dem Brutto-Cashflow und Vermögenswerten auf der Basis von Anschaffungskosten gerechnet wird, sind Ergebniseinflüsse durch Abschreibungseffekte eliminiert Anders als beim EVA sind jetzt aber die aus dem WACC resultierenden Kapitalkosten noch um die zu verdienenden Abschreibungen (= Kosten der Reproduktion des abnutzbaren Anlagevermögens) zu erhöhen. Hieraus ergibt sich eine Brutto-Cashflow-Hürde (BCF-Hurdle), die bei Bayer im Jahr 2007 10,2 % auf den durchschnittl. Inv.-Wert betrug oder absolut 4.035 Mio. €. In Höhe der Überschreitung dieser Brutto-Cashflow-Hurdle wird ein Unterschieds-Brutto-Cashflow (UBCF) (engl.: Cashflow Value Added (CVA)) erzielt. In Höhe dieses (positiven) Wertes ist ein Zahlungsüberschuss erzielt worden, der über die Ansprüche für die Verzinsung des Eigen- und Fremdkapitals sowie für Re-Investitionen für Wertverlust im Anlagevermögen hinausgeht.

Den Zusammenhang zwischen diesen Werten mag folgende Abbildung aus dem Jahresabschluss 2007 der Bayer AG verdeutlichen.

Wertmanagement-Kennzahlen pro Teilkonzern	HealthCare		CropScience		MaterialScience		Konzern	
in Mio €	2006	2007	2006	2007	2006	2007	2006	2007
Brutto-Cashflow-Hurdle (BCF-Hurdle)	1.536	2.394	1.000	939	649	624	3.188	4.035
Brutto-Cashflow (BCF)	1.720	2.389	900	961	1.166	1.228	3.913	4.784
Unterschieds-Brutto-Cashflow (UBCF)	184	-5	-100	22	517	604	725	749
Cash Flow Return on Investment (CFRoI)	12,4 %	11,1 %	10,3 %	11,3 %	15,6 %	15,9 %	12,1 %	12,2 %
ø Investitionswert (ø IW)	13.865	21.608	8.728	8.500	7.489	7.722	32.276	39.203

Abbildung 3.18: Ermittlung des Cash Flow Return on Investment, Geschäftsbericht 2007 der Bayer AG, S. 49

Gemeinsamkeiten und Unterschiede von Shareholder Value, EVA® und CFROI

Positiv ist bei allen drei Verfahren festzustellen, dass sie auf eine Gesamtkapitalkostendeckung abzielen. Anspruchsvoll sind sie hinsichtlich ihrer Kommunizierbarkeit, insbesondere in den Punkten: Betrachtungshorizont, Restwertermittlung im letzten Jahr der Betrachtungsperiode, Ermittlung der Eigenkapitalverzinsung, steuerliche Anrechenbarkeit der Fremdfinanzierungskosten, Berücksichtigung der Ertragsteuer an anderen Stellen als in der GuV.

Unterschiede der einzelnen Verfahren

Das Shareholder-Value und das EVA®-Verfahren zielen auf abso-
lute Größen ab, während das CFROI-Verfahren eine relative
Größe als Ergebnis ausweist.

Das Shareholder-Value-Verfahren ist eine Mehrjahresbe-
trachtung, die für die Strategiebewertung, bei Fusionen und
Übernahmen eingesetzt wird. Der SHV wird nicht nach Außen als Performance-Kennzahl kommuniziert. Der EVA® und
der CFROI werden hingegen gerne als Performance- und
Kommunikationskennziffer benutzt.

Das international populärste Verfahren ist das EVA®-
Verfahren, bzw. die wertorientierten firmenspezifischen
Wertsteigerungskennziffern, die sich auf das ursprüngliche
EVA-Verfahren zurückführen lassen., Das gilt insbesondere
wegen des Perspektivenwechsels bei der Betrachtung von
Jahresergebnissen: vom Gewinn pro Aktie (Earnings per
Share) zu einer Gesamtkapitalkostendeckung. Die Erreichung dieses Schrittes (Gesamtkapitalkostendeckung) wird
von vielen Unternehmen dem EVA®-Verfahren bereits als Erfolg zugerechnet. Kritisch wird gegenüber dem EVA®-
Verfahren insbesondere eingewandt, dass der EVA® aus dem
Operating Profit (nach Abschreibungen) ermittelt wird und
damit »Gestaltungsmöglichkeiten« über die Abschreibungspolitik enthält, statt ihn von einer Cashflow-Größe abzulei-
ten, die weniger »gestaltbar« wäre. Beim CFROI entsteht
dieses Problem nicht, da er ausschließlich auf Zahlungsgrößen basiert.

Gemeinsame Werthebel

Unabhängig vom gewählten Verfahren weisen aus unserer Sicht alle Verfahren die gleichen Werthebel auf, die häufig in drei »Wellen« eingesetzt werden:

1. Verbesserung des EVA® oder Free Cash Flows bzw. Gross Cash Flow mit der bestehenden Kapitalbasis, d.h. ein höheres Ergebnis ohne zusätzliches Kapital zu investieren, durch:
   – Höheren Kundennutzen und dadurch höhere Preise,
   – Kostensenkungen
   – Produktiveres Anlagevermögen

2. Reduzierung/Freisetzung/Verkauf von Kapital, das seine Kapitalkosten nicht erwirtschaftet (Optimierung der Aktiva):
   – Vorratsmanagement
   – Forderungsmanagement
   – bessere Auslastung des Anlagevermögens
   – Veräußerung von nicht betriebsnotwendigem Kapital
   – Beibehaltung oder Senkung der Bruttoinvestitionen

3. Investitionswachstum
   – Wachstum, das seine Kapitalkosten verdient

Auch könnte (in schmalen Bandbreiten) noch angedacht werden, die Kosten des Kapitals zu reduzieren:
   – Management der Kapitalkosten
   – Erhöhung der unverzinslichen Verbindlichkeiten
   – Beeinflussung des Verschuldungsgrades
   – Erhöhung der Transparenz (Investor Relations)
   – Aktienstruktur
   – Notierung an ausländischen Börsen

»Vorsteuergrößen« der Kapitalkostendeckung

Der Vollständigkeit wegen sei hier noch das Balanced Scorecard Konzept erwähnt. Es betrachtet die in diesem Kapitel behandelten finanziellen Ergebnisse als »nachlaufende Kennzahlen (lagging indicators)«. »Vorsteuergrößen (leading indicators)« für finanzielle Ergebnisse sind Markt- und Kundenziele; den Kunden vergleichbar besser zu bedienen als es dem Wettbewerber gelingt. Um diese Kunden- und Marktziele zu erreichen, sind dahinführende Prozess-/Kostenstellenziele z. Damit diese wiederum erreicht werden, müssen Lern- und Innovationsziele erreicht werden.

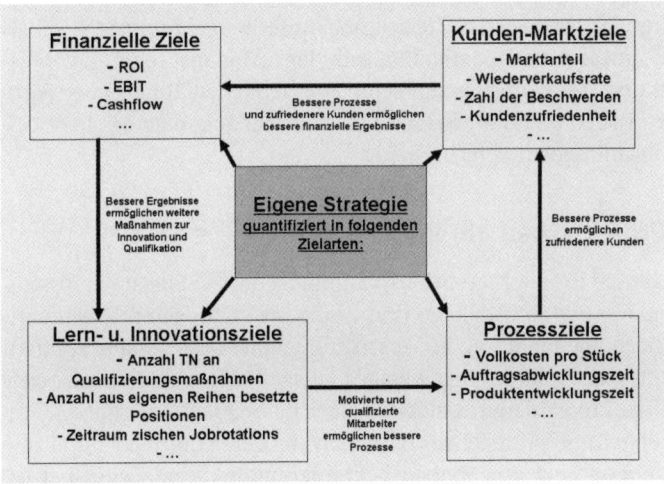

Abbildung 3.19: Elemente einer Balanced Scorecard

Controller, PC und das Finden einer Investitionsentscheidung

Im Rahmen der Investitionsplanung ist eine Betrachtung der Investitionsprojekte hinsichtlich ihrer Rentabilität durchzuführen. Zu diesem Zweck werden die Aussagen der Manager durch den Controller in eine betriebswirtschaftlich strukturierte Aussageform transformiert. Diese Aussageform kann eine Berechnung der Amortisationsdauer, des Kapitalwertes oder des Internen Zinssatzes sein. Zielsetzung dieser Berechnungen ist es, als Controller und Methodenprofi dem Manager eine Ergebnistransparenz hinsichtlich seines betrieblichen Tuns in der Form von absoluten Zahlen und einer Vorteilsrangfolge der Investitionsanträge zu liefern.

Projektarbeit am PC

Gerade für die Investitionsplanung ist der PC-Einsatz in Kombination mit Spreadsheet- und Grafikanwendungen prädestiniert, da es sich nicht um die Verarbeitung von Massendaten, sondern um die Verknüpfung weniger, ausgewählter und spezifischer Plan-Projektdaten handelt, wobei eine Quantifizierbarkeit unterstellt sei. Zunächst ergibt sich für den Controller durch die Verwendung von Spreadsheetprogrammen eine Zeitersparnis, da die meisten Programme eingebaute Funktionen zur Ermittlung der gängigen Investitonskriterien aufweisen. Damit brauchen keine manuellen Näherungs- und Iterationsverfahren mehr vollzogen werden, z.B. bei der Ermittlung des »Internen Zinssatzes.

Eine strukturierte Aussageform zur Investitionsrechnung könnte folgenden Aufbau haben:

	A	B	C	D	E	F
1			INVESTITIONSRECHNUNG			
2			zur Ermittlung von Kapitalwert und Internem Zinssatz			
3						
4	Periode	Einzahlung	Auszahlung	Zahlungsdiff.	Zahlungsdiff.,	Zahlungsdiff., abgez.
5					abgezinst, (DCF)	u. kum., (DCF, kum.)
6	t_0		-66.000	-66.000	-66.000	-66.000
7	1. Jahr	80.000	-44.000	36.000	31.304	-34.696
8	2. Jahr	80.000	-44.000	36.000	27.221	-7.474
9	3. Jahr	80.000	-44.000	36.000	23.671	16.196
10	4. Jahr	80.000	-44.000	36.000	20.583	36.779
11	5. Jahr	80.000	-44.000	36.000	17.898	54.678
17	Kalk. -Zins:	15%		Alt. Zinssatz:		15,00%
18	Barwert:	120.678		Schätzwert:		40%
19	Kapitalwert:	54.678		Interner Zinssatz:		46,45%
20	Kapitalverhältnis	1,83		Qual. Interner Zinssatz:		29,75%

Abbildung 4.1: Bildschirmaufbau auf Spreadsheet-Basis für eine Investitionsrechnung

In der Zelle C 6 derwird die Anschaffungsauszahlung darge-stellt. Die Nutzungsdauer für das zu betrachtende Investitions-gut betrage 5 Jahre. Während dieser Zeit werden durch diese Investitionen zusätzliche Einzahlungen in Höhe von 80.000,- € pro Jahr erzielt (B7:B11). 44.000,- € entstehen pro Jahr als zu-sätzliche Auszahlungen (C7:C11). In den Zellen D6:D11 ist die jährliche Zahlungsdifferenz dargestellt.

Ziel der Investitionsrechnung ist es zunächst, Rentabilitäten von Investitionen zu ermitteln und zu vergleichen. Zu diesem Zweck werden die Zahlungsüberschüsse zukünftiger Perioden mit der Investitionsauszahlung von heute verglichen. Dabei hat eine Investitionsausgabe, die heute erfolgt, einen relativ höhe-ren Wert als ein Zahlungsüberschuss in gleicher Höhe, der erst in einem späteren Jahr entsteht, da der Investitionsbetrag heu-te auch alternativ, z. B. als sich verzinsende Finanzanlage, an-gelegt werden könnte. Somit wäre der Zinseffekt zur Herstel-lung einer Vergleichbarkeit der Zahlungsströme unterschiedli-cher Perioden zu berücksichtigen. In der betrieblichen Investi-tionsrechnung wird diese Vergleichbarkeit üblicherweise erzielt, indem die Zahlungsströme zukünftiger Perioden auf den Inves-titionszeitpunkt abgezinst werden.

INVESTITIONSRECHNUNG			
zur Ermittlung von Kapitalwert und Internem Zinssatz			
Periode	Einzahlung	Auszahlung	Zahlungsdiff.
t_0		-66000	= B6 + C6
1. Jahr	80000	-44000	= B7 + C7
2. Jahr	80000	-44000	= B8 + C8
3. Jahr	80000	-44000	= B9 + C9
4. Jahr	80000	-44000	= B10 + C10
5. Jahr	80000	-44000	= B11 + C11
6. Jahr			
7. Jahr			
8. Jahr			
9. Jahr			
10. Jahr			
Kalk. -Zins:	0,15		Alt. Zinssatz:
Barwert:	= + NBW(B17;D7:D16)		Schätzwert:
Kapitalwert:	= B18-C6		Interner Zinssatz:
Kapitalverhältnis:	= B18/C6*-1		Qual. Interner Zinssatz:

Abb. 4.2: Formeldarstellung 1, um zum Bildschirmaufbau zu gelangen

Zahlungsdiff., abgezinst, (DCF)	Zahlungsdiff., abgez. u. kum., (DCF, kum.)
= + D6	= + F6
= + WENN(D7 = 0;0;D7/((1 + Kalk._Zins)^1))	= + WENN(F7 = 0;"*";G6 + F7)
= + WENN(D8 = 0;0;D8/((1 + Kalk._Zins)^2))	= + WENN(F8 = 0;"*";G7 + F8)
= + WENN(D9 = 0;0;D9/((1 + Kalk._Zins)^3))	= + WENN(F9 = 0;"*";G8 + F9)
= + WENN(D10 = 0;0;D10/((1 + Kalk._Zins)^4))	= + WENN(F10 = 0;"*";G9 + F10)
= + WENN(D11 = 0;0;D11/((1 + Kalk._Zins)^5))	= + WENN(F11 = 0;"*";G10 + F11)
	0,15
	0,4
	= + IKV(D6:D16;G18)
	= + QIKV(D6:D16;G18;G17)

Abb. 4.3: Formeldarstellung 2, um zum Bildschirmaufbau zu gelangen

Die Abzinsformel zur Ermittlung des Gegenwartswertes (Barwertes) lautet:

$$K_0 = \sum_{t=1}^{t=n}(E_t - A_t) \times (1+i)^{-t}$$

K_0 = Barwert
t = Periode
E = Einzahlungen
A = Auszahlungen
i = Kalkulationszins
(als Dezimalwert)

Gleichung 1: Abzinsformel zur Ermittlung des Gegenwartswertes zukünftiger Zahlungsüberschüsse

Der Kalkulationszins ergibt sich aus einer Opportunitätskostenkomponente (z. B. Zinssatz für laufende langfristige Finanzanlagen) und einem Zuschlag für unternehmerisches Risiko. In diesem Beispiel wird der Kalk.-Zins in der Zelle »B 17« ausgewiesen. Er beträgt 15 Prozent (i = 0,15).

Die Ermittlung des Kapitalwertes

Eines der häufigsten Kriterien zur Beurteilung der Vorteilhaftigkeit von Investitionsvorhaben ist der »Kapitalwert«. Er ergibt sich als Unterschiedsbetrag zwischen den abgezinsten Zahlungsdifferenzen der Perioden 1 bis n, die als Barwert bezeichnet werden, und der Anschaffungsauszahlung.

$$K_w = -A_0 + \sum_{t=1}^{t=n}(E_t - A_t) \times (1+i)^{-t}$$

Kw = Kapitalwert
Ao = Anschaffungsauszahlung
t = Periode
E = Einzahlungen
A = Auszahlungen
i = Kalkulationszins

Gleichung 2: Kapitalwertformel

Fast alle Spreadsheet-Anwendungen enthalten eine Funktion zur Ermittlung des Barwertes. Für MS-Excel und Open Office lautet die Funktion »NBW«. Ihre Syntax ist in der Zelle »B 18« der Formeldarstellung zur Investitonsrechnung gezeigt.

Das » = «-Zeichen signalisiert, dass es sich um eine Formelzelle handelt. Es folgt die Funktion »NBW« zur Ermittlung des Barwertes. »B 17« ist die Angabe für die Verknüpfung zu derjenigen Zelle, in der sich der anzuwendende Kalkulationszinssatz befindet. Die Angabe »D7:D16« kennzeichnet den Bereich der jährlichen Zahlungsüberschüsse, die mit dem gewünschten Kalkulationszins abgezinst werden sollen. Wird diese Syntax benutzt, wendet das Programm für die Jahre 1 bis 5 die Gleichung 1 (s. o.) an. Der Barwert der Zahlungsdifferenzen für die Jahre 1 bis 5 wird ermittelt. Um zum Kapitalwert zu gelangen, muss noch die Investitionsauszahlung des Jahres 0 abgezogen werden. Diese braucht nicht abgezinst werden, da sie im Bezugsjahr der Investitonsrechnung erfolgt, auf das alle Zahlungen späterer Perioden abgezinst werden. Das geschieht in der Zelle »B 19« der Formeldarstellung. Hier wird der Kapitalwert bestimmt, indem vom Barwert der Zelle »B 18« die Anschaffungsauszahlung aus »C 6« abgezogen wird. Damit ergibt sich die Gleichung 2 und als ihr Ergebnis der Kapitalwert.

In diesem Beispiel beträgt der Kapitalwert 54.678 € (B 19), d.h., die Summe der mit dem vorgegebenen Zinssatz von 15 Prozent abgezinsten Zahlungsüberschüsse der Perioden 1 bis n übersteigt die Investitionssumme um 54.678 €. Oder anders ausgedrückt: Das in der Investition gebundene Kapital fließt zurück, verzinst sich dabei mit 15 Prozent und erzielt darüber hinaus noch einen (Gegenwarts-) Mehrwert von 54.678 €, der als Kapitalwert dieser Investition bezeichnet wird. Da der Kapitalwert einen positiven Wert annimmt, ist die gewünschte Mindest-Rentabilität, die durch die Höhe des Kalkulationszinssatzes vorgegeben wird, überschritten. Da somit der Kapitalwert sein Entscheidungskriterium »größer oder gleich Null« erfüllt, müsste es somit für diese Investition aufgrund dieses Kriteriums zunächst ein »Go!« geben.

Das Kapitalverhältnis

Das Kapitalverhältnis (B20) ist eine Abwandlung des Kapitalwertverfahrens. Im Gegensatz zum Kapitalwertverfahren wird
vom Barwert der Zahlungsüberschüsse der Jahre 1 bis n die
Investitionsauszahlung nicht abgezogen, sondern die abgezinsten Zahlungsüberschüsse werden durch die Investitionsausgabe dividiert. Das Kapitalverhältnis bezieht die Rendite auf eine
Geldeinheit im Investitionsbetrag. Das Kapitalverhältnis von
1,83 in diesem Beispiel sagt aus, das eine Geldeinheit im Investitionsbetrag zunächst zurückfließt und sich dann auch noch
mit dem Kalkulationszinssatz verzinst. Sind ausschließlich diese beiden Kriterien erfüllt, wäre das Kapitalverhältnis = 1,0.
Bei einem Kapitalverhältnis von 1,83 erzielt darüber hinaus jedoch jede eingesetzte Geldeinheit im Investitionsbetrag noch
0,83 Geldeinheiten abgezinsten Überschuss. Stehen zu geringe
finanzielle Mittel zur Finanzierung eines Investitionspro-
gramms zur Verfügung, so ist das Kapitalverhältnis ein gutes
Reihungskriterium, um aus einem Finanzbudget für diverse Investitionen eine möglichst hohe Rendite zu erzielen, indem die
Investitionsprojekte nach fallendem Kapitalverhältnis sortiert
werden und entsprechend genehmigt werden, bis das Finanzbudget ausgeschöpft wurde.

Die Methode zur Ermittlung des »Internen Zinsfußes«

In einem dritten Beurteilungskriterium der Investitionsrechnung, dem Verfahren des internen Zinsfußes, ist der Zinssatz
keine vorgegebene Konstante sondern das zu suchende Ergebnis. Vorgegeben als Konstante ist ein Kapitalwert von Null. Es
wird damit der Zinssatz gesucht, bei dem die abgezinsten Zahlungsüberschüsse der Nutzungsdauer (= Zahlungsüberschüsse
nach Abzug ihres Verzinsungsanteils) genau die Investitionsauszahlung decken, d.h. zu einer Amortisation der Investitions-

ausgabe führen. Dieser Zinssatz ist dann die »tatsächliche« Verzinsung oder »Rendite« einer Investition.

In der Zelle »F19« der Formeldarstellung ist die Syntax zur Ermittlung des internen Zinssatzes dargestellt. »IKV« ist die in Spreadsheet-Anwendungen anzugebende Funktion. Auf dem ersten Platz der zu treffenden Bereichsangabe erfolgt mit »D6:D16« ein Ausweis der Felder, in denen die jährlichen Zahlungsdifferenzen dargestellt werden. Die Zahlungsreihe beginnt mit der Investitionsauszahlung zum Zeitpunkt t_0. Im zweiten Parameter dieser Funktion erfolgt mit »F18« eine Verbindung zu einem Feld, das einen Schätzwert von i = 0,4 für den internen Zinssatz beinhaltet. In diesem Feld ist eigentlich nur die Angabe einer Ziffer mit positivem oder negativem Vorzeichen erforderlich, da der interne Zinssatz bei Zahlungsdifferenzen mit wechselndem Vorzeichen während der Betrachtungsdauer mehrwertig sein kann. Hiermit gibt man dem Programm den Hinweis, den positiven oder negativen internen Zinsfuß anzuzeigen.

Weiterhin bieten mehrere Spreadsheet-Programme die Möglichkeit, einen »Qualifizierten Internen Zinssatz« zu ermitteln. Wird bei der Methode des internen Zinssatzes unterstellt, dass sich der Gesamtbetrag, in diesem Beispiel 66.000 €, über die Gesamtzeit von 5 Jahren mit 46,45 % verzinst, müssen auch die in den einzelnen Betrachtungsjahren freigesetzten Zahlungsüberschüsse für die Restlaufzeit wieder mit 46,45 % angelegt werden. Das dürfte insbesondere bei Projekten mit hohen internen Zinsfüßen nur schwer möglich sein. Bei der Methode des qualifizierten internen Zinssatzes erfolgt eine Wiederanlage der in den jeweiligen Jahren freigesetzten Zahlungsüberschüsse über die Restnutzungsdauer nicht mit dem Internen Zinssatz, sondern mit einem alternativen (niedrigeren) Zinssatz, der in diesem Beispiel aus der Zelle »F17« bezogen wird, da der alternative Zinssatz meistens der gewünschten Mindestverzinsung des Kapitalwertverfahrens entspricht. Freigesetzte Zahlungsüberschüsse werden überwiegend für Neu-Investitionen eingesetzt, die mindestens die gewünschte Mindestverzinsung erbringen.

Der Formelaufbau zur Ermittlung dieses qualifizierten internen Zinssatzes in einer Investitionsrechnung ist in »F20« der Formeldarstellung gezeigt und beginnt mit der Funktion »QIKV«. Die zu treffenden Feldangaben sind identisch mit den Feldreferenzen der Formel zur Ermittlung des internen Zinssatzes, ergänzt um die Verknüpfung mit dem alternativen Zinssatz in F17.

Die grafische Ermittlung der Amortisationsdauer

Im Bereich F6:F16 findet eine Kumulation der abgezinsten Zahlungsdifferenzen statt, die in der Zelle F11 ebenfalls zum Kapitalwert führt. Aus dem Bereich E6:E10 wurde mit MS-Excel nachfolgende Liniengrafik erzeugt, die den Verlauf der kumulierten Zahlungsströme darstellt. Ihr Schnittpunkt mit der 0-Abzisse, die die Zeitachse darstellt, bildet den Amortisationszeitpunkt auf der Basis abgezinster Zahlungsüberschüsse. Gerade durch simultane rechnerische und grafische Darstellung von Daten kann im Rahmen eines Investitionsgespräches eine gesteigerte Ergebnis-Sensibilität erzeugt werden.

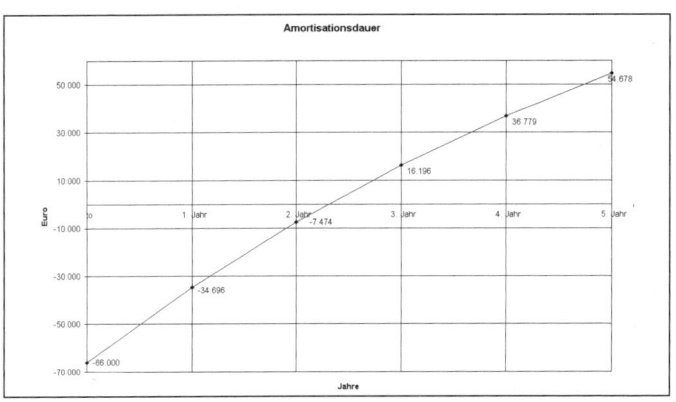

Abbildung 4.4: Amortisationsdauer, grafisch ermittelt

Zeit in die Vorbereitung investieren

Die so gewonnene Zeit durch Verlagerung des rein mechanischen Rechnens auf den PC, steht jetzt dem Controller zur Verfügung, um sie in die Vorbereitungsphase der Investitionsrechnung zu investieren. Gemeint ist damit, dass der Controller gemeinsam mit den beantragenden Managern das konkrete Investitionsprojekt intensiv von allen Seiten betrachten kann, z. B. mit einer Frage-Checkliste oder einem Standardfragen-Katalog für Investitionsprojekte (vgl. das 1. Kapitel). Investitionsprojekte weisen gerade zu Beginn der Investitionsüberlegungen ein hohes Entscheidungsrisiko auf, da zu einem frühen Zeitpunkt bereits die Kosten für spätere Perioden im Rahmen der Investitionsrechnung geschätzt werden müssen. Wenn Projekte mißlingen, dann häufig am Beginn. Hier gilt es, durch den PC gewonnene Zeit einzusetzen, um sich zu fragen, ob an alle üblichen »Fettnäpfchen« gedacht wurde, in die möglicherweise getreten werden könnte. Könnte evtl. eine Veränderung des Wettbewerberverhaltens eintreten? Liegen konkrete Maßnahmen/ Lieferantenangebote vor? Was kosten sie und was bringen sie? Wo liegen Upsides«? Wo bestehen Downsides? Speziell für die Betrachtung derartiger Alternativen bietet sich der PC-Einsatz während eines Planungsgespräches an.

Langjährige Praktiker im Bereich Investitionsrechnung kommen im wieder zu denselben Erfahrungen:
- Kosten sind sicherer als Umsätze
- In guten Jahren wird man leichtsinnig

Wenn Investitionsprojekte aus der Sicht einer Investitionsnachrechnung nicht die geplanten Renditen erreicht haben, dann lag es selten an technologischen Problemen und Kostensteigerungen. Zumeist wurde der Umsatz bzw. die Auslastung zu optimistisch gesehen. Entweder erhoffte man höhere Preise in der Inv.-Rechnung als tatsächlich am Markt durchsetzbar waren oder der Absatz wurde zu gut eingeschätzt. Diese Fehleinschätzung tritt besonders häufig bei Projekten auf, die in wirtschaftlich guten Zeiten geplant und genehmigt wurden. Investitionsprojekte, die in Jahren mit schlechten Ergebnissen beantragt werden, erreichen meist die anvisierten Ziele. In guten Jahren scheint somit häufig eine gewisse Gutgläubigkeit vorzuherrschen, dass es weiterhin gut oder besser verlaufen wird. Hier ist besonders intensiv die Markteinschätzung abzusichern.

Nebeneinander im Team, PC-begleitet

Controller und beantragender Manager sitzen nebeneinander am PC, auf dessen Bildschirm zwei miteinander verbundene Ausschnitte zu sehen sind.

INVESTITIONSRECHNUNG zur Ermittlung von Kapitalwert und Internem Zinssatz					
Periode	Einzahlung	Auszahlung	Zahlungsdiff.	Zahlungsdiff., abgezinst, (DCF)	Zahlungsdiff., abgez. u. kum., (DCF, kum.)
t_0		-66.000	-66.000	-66.000	-66.000
1. Jahr	80.000	-44.000	36.000	31.304	-34.696
2. Jahr	80.000	-44.000	36.000	27.221	-7.474
3. Jahr	80.000	-44.000	36.000	23.671	16.196
4. Jahr	80.000	-44.000	36.000	20.583	36.779
5. Jahr	80.000	-44.000	36.000	17.898	54.678

Kalk.-Zins:	15 %	Alt. Zinssatz:	15,00 %
Barwert:	120.678	Schätzwert:	40 %
Kapitalwert:	54.678	Interner Zinssatz:	46,45 %
Kapitalverhältnis	1,83	Qual. Interner Zinssatz:	29,75 %

Abb. 4.5: Zahlungsreihe und Grafik zur Investitionsrechnung auf einen Blick

Der obere Teil enthält eine Einnahmen/Ausgaben-Tabelle und ermittelt die gesuchten Investitionszielgrößen, während im unteren Teil der Tabelle die Zahlen des ersten Ausschnittes in eine Grafik umgesetzt werden, um auf einen Blick den Verlauf der Zahlungsströme und damit auch der Amortisationsdauer darzustellen. Die Zahlungsgrößen als Aussagen des Managers werden vom Controller oder sogar vom Manager selbst eingegeben, während das Programm sofort die Rentabilität des jeweiligen Investitionsprojektes darstellt.

Investitionsrechnung nach Ertragsteuern

Üblicherweise wird die Investitionsrechnung als Berechnung vor der Berücksichtigung von Ertragsteuern durchgeführt. Dafür lassen sich zwei Begründungen anführen: 1. Wenn ein Ergebnis vor Ertragsteuern positiv ist, bleibt es auch nach Berücksichtigung von Ertragsteuern positiv. 2. Die gewünschte Mindestverzinsung ist auch abgeleitet aus Finanzierungskosten vor ihrer steuerlichen Abzugsfähigkeit, z.B. Fremdkapitalzinsen vor Ertragsteuern.

Für Investitionsbetrachtungen auf internationaler Ebene ist bei Investitionsentscheidenzwischen Standorten in verschiedenen Ländern jedoch der landesspezifische Ertragsteuersatz in einer Investitionsrechnung zu berücksichtigen, da er die relative Vorteilhaftigkeit eines Standortes im Vergleich zu anderen Standorten beeinflusst.

Zur Ermittlung der auszahlungswirksamen Ertragsteuerbelastung geht man wie folgt vor: Von der Zahlungsdifferenz der dazukommenden betrieblichen Ein- und Auszahlungen aus dieser Investition werden zunächst die steuerlich abzugsfähigen Abschreibungen abgezogen. In diesem Beispiel sei eine lineare Abschreibung der 66.000 € Anschaffungskosten über 5 Jahre angenommen, so dass sich pro Jahr 13.200 € Abschreibungen ergeben. Das Ergebnis nach Abschreibungen, aber vor der Berücksichtigung abzugsfähiger Fremdkapitalzinsen,

beträgt somit 22.800 €. Wird dieses Ergebnis mit dem landes-
spezifischen Ertragsteuersatz versteuert, der in diesem Beispiel
40% beträgt, ergibt sich eine auszahlungswirksame Ertragsteuerbelastung von 9.120. Um diesen Wert werden die Auszahlungen erhöht, die nun 53.120 € betragen.

Zeile	Berechnung	Bezeichnung	1. Jahr
1		Zahlungsdifferenz vor Ertragsteuern	36.000
2	(66000/5)	- Abschreibungen (AK/ND)	-13.200
3	(1 + 3)	= Zu versteuerndes Ergebnis	22.800
4	(3*-0,4)	- darauf entfallende Ertragsteuern (40%)	-9.120
5	(4 + 5)	= Ergebnis nach Ertragsteuern (NOPAT)	13.680
6	(-44000)	Auszahlungen vor Ertragsteuern	-44.000
7	(4 + 6)	Auszahlungen nach Ertragsteuern	-53.120

Abbildung 4.6:Investitionsrechnung nach Ertragsteuern

Wenn in der Investitionsrechnung mit Ergebnisgrößen nach
dem Abzug von Ertragsteuern gerechnet wird, sind auch die
Ziel-Renditewerte unter der Berücksichtigung der Abzugsfähigkeit von Fremdkapitalkosten anzusetzen. Handelt es sich um
Investitionen, für die ein spezieller Kredit aufgenommen wird,
so kann der Zinssatz des Kredites genommen werden, reduziert
um die steuerliche Abzugsfähigkeit der Kreditzinsen, z. B.
Fremdkapitalkostensatz vor Ertr.-Steuern x (1 – Steuerquote) =
6% x (1-0,4) = 3,6%.

Wird für eine Investition kein spezieller Kredit aufgenommen, so wird der Kalkulationssatz aus den gewichteten Kapitalkosten für das gesamte Unternehmen abgeleitet (WACC), die
meistens mit einem Risikoaufschlag versehen werden, Wird
eine Betrachtung nach Ertragsteuern durchgeführt, sind in die
Berechnung der gewichteten Gesamtkapitalkosten (WACC)
auch die Fremdkapitalkosten unter Berücksichtigung der durch
sie entstehenden Steuerentlastung einzubeziehen. Findet eine
Investitionsrechnung ohne Berücksichtigung von Steuereffek-

ten statt, sind die Fremdkapitalkosten in der Bildung des Kalkulationszinssatzes »brutto« zu berücksichtigen.

INVESTITIONSRECHNUNG zur Ermittlung von Kapitalwert und Internem Zinssatz					
Periode	Einzahlung	Auszahlung n. Ertr.-Steuern	Zahlungsdiff.	Zahlungsdiff., abgezinst, (DCF)	Zahlungsdiff., abgez. u. kum., (DCF, kum.)
t_0		-66.000	-66.000	-66.000	-66.000
1. Jahr	80.000	-53.120	26.880	24.000	-42.000
2. Jahr	80.000	-53.120	26.880	21.429	-20.571
3. Jahr	80.000	-53.120	26.880	19.133	-1.439
4. Jahr	80.000	-53.120	26.880	17.083	15.644
5. Jahr	80.000	-53.120	26.880	15.252	30.896
Kalk.-Zins:	12%		Alt. Zinssatz:		12,00%
Barwert:	96.896		Schätzwert:		40%
Kapitalwert:	30.896		Interner Zinssatz:		29,58%
			Qual. Interner Zinssatz:		20,94%

Abbildung 4.7: Investitionsrechnung unter Berücksichtigung von Ertragsteuern und reduziertem Kalkulationszinssatz

Investitionsrechnung mit statischer Amortisationsdauer

In kleineren und mittelständischen Unternehmen ist häufig noch als Hauptentscheidungsrechnung die statische Amortisationsrechnung im Einsatz. Dabei wird für die Ermittlung der Amortisationsdauer (Wiedereinbringungsdauer) nicht mit abgezinsten Werten gearbeitet, sondern üblicherweise mit nominalen Zahlungswerten nach Ertragsteuern, so, wie sie häufig auch Steuerberater ihren mittelständischen Kunden empfehlen. Vorteilhaft lässt diese Berechnungsform erscheinen, dass sie einfach und nachvollziehbar ist, indem keine Verständnisfragen zur Sinnhaftigkeit der Abzinsformel erzeugt werden.

Sinnvollerweise wird die Amortisationszeit, z.B. über einen Prozentsatz, in Verbindung zur wirtschaftlichen Nutzungsdauer gesetzt. Je geringer dieser Prozentsatz ist, desto geringer ist das Risiko eines Fehlschlages, da sich zahlreiche Parameter der Investition noch verschlechtern können und dennoch eine Wiedereinbringung der Investitionsausgabe noch möglich erscheint. Auch lässt sich dieser Prozentsatz derartig interpretieren, dass die Investition schon nach relativ geringer Zeit wieder »eingespielt« wird und die weiteren Überschüsse in die »Rendite« einer Investition fließen, woraus sich hohe Werte für den Kapitalwert und den internen Zinsfuß ergäben, falls sie berechnet würden. Ist die Amortisationsdauer bei konstantem Geschäftsverlauf relativ zur wirtschaftlichen Nutzungsdauer kurz ist auch der Interne Zinsfuß der Investition hoch. So lautet häufig die Argumentation von »Praktikern« im Mittelstand, die auch an dem hier gezeigten Beispiel nachvollzogen werden kann.

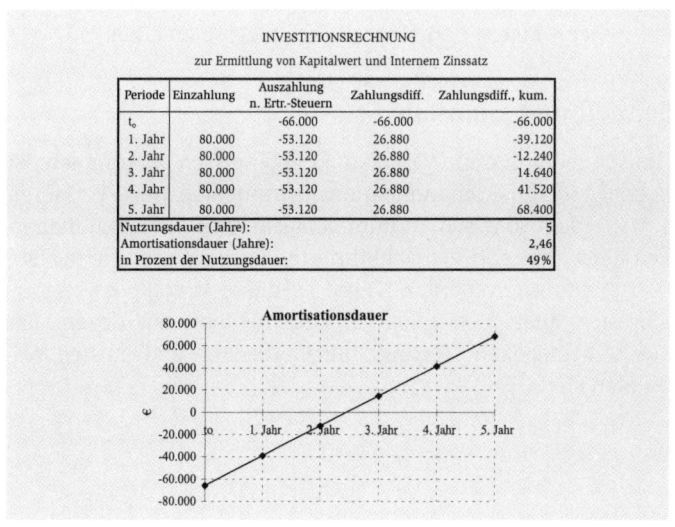

INVESTITIONSRECHNUNG
zur Ermittlung von Kapitalwert und Internem Zinssatz

Periode	Einzahlung	Auszahlung n. Ertr.-Steuern	Zahlungsdiff.	Zahlungsdiff., kum.
t_0		-66.000	-66.000	-66.000
1. Jahr	80.000	-53.120	26.880	-39.120
2. Jahr	80.000	-53.120	26.880	-12.240
3. Jahr	80.000	-53.120	26.880	14.640
4. Jahr	80.000	-53.120	26.880	41.520
5. Jahr	80.000	-53.120	26.880	68.400
Nutzungsdauer (Jahre):				5
Amortisationsdauer (Jahre):				2,46
in Prozent der Nutzungsdauer:				49%

Abbildung 4.8: Amortisationsdauer in Prozent der Nutzungsdauer

Interaktionsarbeit

Von diesem Punkt aus ist es zur gemeinsamen Betrachtung einer oder mehrerer Alternativen nicht mehr weit, wobei das »gemeinsam« funktionsübergreifend zu interpretieren ist. Häufig ergeben sich die Daten zur Rentabilität einer Investition erst durch das Zusammenwirken verschiedener Funktionsbereiche: zusätzliche Erlöse über Mengen und Stückzahlen nennt der Verkauf; Produktlebenszeiten nennt der Marketing-Bereich, Werkzeugkosten steuert der Werkzeugbau ein, Produktkosten werden durch Entwicklung, Konstruktion und Technik bestimmt, wobei die Technik zusätzlich noch Aussagen über die wirtschaftliche Nutzungsdauer eines Aggregates trifft. Diese Informationen gilt es zusammenzutragen und zu einer »runden Lösung« zu verarbeiten. Dabei ist eine simultane Vorgehensweise besonders effizient, um die Aspekte der einzelnen Fachbereiche unmittelbar aufeinander abzustimmen und durch die gegenseitige Darstellung ein Verständnis für die Anforderungen vor-, nachgelagerter oder paralleler Prozesse zu erzeugen.

Schnell und simultan

Um schnell und ohne Vertagen zu Ergebnissen zu kommen, ist neben anderen Kommunikationsinstrumenten und -verfahren sowie einem präzisen Terminmanagement für die Simultanarbeit auch vermehrt der strukturierte PC-Einsatz für die Investitionsplanung erforderlich. Diese speditive Vorgehensweise ergibt sich quasi von selbst in Unternehmen mit dezentraler Struktur, in denen Meetings mit Reisezeiten und -kosten verbunden sind.

Der PC im Berichtswesen des Controllers

▬▬▬▬▬▬▬▬▬▬▬▬▬▬▬▬▬▬▬▬▬▬▬▬▬▬▬

Ein Controlling-geeignetes Berichtswesen ist dadurch gekenn-zeichnet, dass es Maßnahmen auslöst. Maßnahmen im Sinn von Korrekturzündungen, um das Unternehmen bei einer Handlungsbedarf signalisierenden Abweichung wieder auf Ziel-kurs zu bringen.

Handlungsbedarf auslösen

Je früher dieser Handlungsbedarf erkannt und Steuerungsmaß-nahmen ergriffen werden können, desto geringer dürfte der Korrekturaufwand ausfallen. **Controller's Lieblingsabwei-chung ist die, die noch nicht eingetreten ist**, aber angekün-digt wurde, da sie noch am meisten Handlungsspielraum er-möglicht. Um diese Aktionen auslösen zu können, muss das Berichtswesen weiterhin auch richtig adressiert sein. Informa-tionen, d. h. entscheidungsrelevante Daten, müssen empfän-gerorientiert verpackt und versendet werden.

Controller-Dienst ist Marketing für Betriebswirtschaft

Häufig wird der Controller-Service auch als das Marketing des Rechnungswesens bezeichnet. Damit ist insbesondere die Mar-ketingdenkweise angesprochen, die nach der Art des Kunden-/ Managerbedarfs fragt: »Welche Art von Bedarf hat der Manager an das Berichtswesen?« Häufig sind Non-Accountants eher fi-gure-minded. Durch den PC-Einsatz lassen sich zu diesem Zweck Zahlen in attraktive Grafiken »verpacken«. Ein Buch, das sich in exzellenter Weise dieses Thema beschreibt, stammt von G. Zelazny. Gene Zelazny ist in den USA der »Director of Visual

Communication« der internationalen Unternehmensberatung McKinsey & Company, Inc. gewesen. Sein erfolgreichstes Buch trägt den Titel »Wie aus Zahlen Bilder werden – Der Weg zur visuellen Kommunikation« und ist im Gabler Verlag, Wiesbaden, in der 6. Auflage erschienen. Ebenfalls für Controller empfehlenswert ist von Hölz, Botthof, Raslan der Titel: »Wie Zahlen wirken – Betriebliche Kennzahlen vorteilhaft darstellen« aus dem Haufe-Verlag, Freiburg.

Anforderungskatalog an das Berichtswesen

Eine Aufzählung könnte wie folgt lauten:
- rechtzeitig,
- vollständig,
- empfängerorientiert,
- konzentriert auf das Wesentliche mit einem Blick (mehr Grafik),
- Ursache-Wirkungsketten erkennen lassen und Beeinflussungsmöglichkeiten zeigen
- Sachverhalte, die den Berichtsempfänger unmittelbar betreffen und beeinflussbar sind, und ihn bei seinen Entscheidungen unterstützen,
- Hausbesuche des Controller's (mit seinem PC),
- »für« den Manager, nicht »über« den Manager berichtend,
- individuelle Beratung nach Maß erhalten,
- das Berichtswesen vermehrt als Instrument des Self-Controllings nutzen können.

Diesen Anforderungen stehen häufig folgende **Kritikpunkte** am Berichtswesen gegenüber:
- extreme Informationsdetails
- zu starke Vergangenheitsorientierung
- zu langes Berichtsintervall
- ausschließliche Präsentation der Berichte, ohne Diskussion und Maßnahmenvorschläge

Der verkürzte Anforderungskatalog an ein Berichtswesen könnte auf den ersten Blick wie ein »Gordischer Knoten« wirken, da er Widersprüche enthält. Berichte sollen einerseits vollständig sein und sich andererseits auf die wesentlichen Sachverhalte konzentrieren. Weiterhin sollen die Berichte schnell (und richtig, d.h. abgestimmt) sein. Dabei sollen jedoch gleichzeitig die meist zeitintensive Individualität der Berichte und die Interpretationshilfe des Controllers gewahrt bleiben. Dieser Anforderungskatalog kann unter Berücksichtigung von zwei Slogans realisiert werden, die John Naisbitt (ein amerikanischer Prognostiker) in seinem Buch »Megatrends« formulierte, und die sinngemäß lauten: High Tech – High Touch

» Wir ertrinken in Daten und dürsten nach Informationen «

PC-Berichtswesen – ausgewählt und zeitnah

Die Sicherstellung und Unterstützung des Berichtswesens ist eine zentrale Aufgabe für den Controller. Die IT-Unterstützung ist dabei für den Controller bzw. den Manager nicht mehr wegzudenken. Der PC dient dabei zunächst als technische Schnittstelle zu den zentralen Daten im IT-Netzwerk des Unternehmens und ggfs. individuellen Daten und Auswertungen des Controllers bzw. Managers auf seinem PC.

Der technische Fortschritt hat in den letzten Jahren zu deutlichen Verbesserungen im Berichtswesen geführt. Dennoch sind weitere Verbesserungspotentiale in folgenden Bereichen möglich:

- Zukunftsorientierung der Daten
- Integration nicht-finanzieller Größen in das Berichtswesen
- Aufwand

So sind »aktuelle« Daten häufig an den Monatsabschluss gekoppelt. Innerhalb eines Monats ist als aktuelle Zahl eventuell nur der Tagesumsatz vorhanden, eine Zahl, die in vielen Unternehmen noch heute die wichtigste Steuerungskennzahl ist. Jede Ist-Zahl ist jedoch bereits vergangenheitsorientiert. Gelingt es, weitere Forecast-Informationen in das Berichtswesen zu integrieren?

Auch kann auf Balanced-Scorecard-orientierte nicht-finanzielle Größen, z.B. Prozesskennzahlen zu Durchlaufzeiten und Qualitäten, nur über separate Informationssysteme mit erheblichem Aufwand zugegriffen werden.

Insofern werden wahrscheinlich immer mehr Unternehmen Business-Warehouse-Lösung für Ihre Planungs- und Berichtswesenprozesse realisieren müssen. Doch dürfte sich dieser erhebliche Einmalaufwand schon innerhalb weniger Jahre amortisieren, da manuelle Schnittstellen – und damit zusammenhängende Kosten – in erheblichem Umfang entfallen sowie eine erhöhte Konsistenz und Flexibilität bei den Daten zu besseren und schnelleren Unternehmensentscheiden beitragen.

Vorschau-Berichtswesen

Zentrale Bedeutung hat im Berichtswesen die zeitliche Vorschau-Dimension, die als Forecast, Vorschau-, Erwartungs- oder Hochrechnung bezeichnet wird. Hier sind Aussagen/Entscheide zur weiteren Entwicklung eines Unternehmens bzw. eines Centers zu treffen, die durch Systeme, z.B. zur Bestandsprognose im Einzelhandel, unterstützt werden. Eine Zuständigkeit für die Maßnahmen und Aussagen verbleibt jedoch bei den jeweiligen Mitarbeitern.

Dabei bieten insbesondere frühestmöglich angekündigte Abweichungen den größten Handlungsspielraum. Sie liegen im »Ist« der DV-Systeme meistens noch gar nicht vor. Forecast-Daten beruhen sehr stark auf Einschätzungen und Meinungen von Mitarbeitern, die diese Informationen wiederum aus Kunden- bzw. Lieferantengesprächen sowie aktuellen Tagesereignissen gewonnen haben. Da diese Informationen noch nicht gebucht worden sind, müssen sie aus den Köpfen der zuständigen Mitarbeiter erst in das System gebracht werden.

Keine rechtfertigende Vergangenheitsbewältigung

An dieser Stelle wird der Megatrend »High Touch« angesprochen. Wird im Berichtswesen auch über eher »weiche« Signale informiert oder gelten nur harte Zahlen, die sich auch verdichten lassen? Werden Abweichungen als Steuerungssignale genutzt oder dienen sie als Schuldbeweise, wodurch das Berichtswesen zu einem »Prügelverhinderungssystem« degeneriert werden kann.

Im letzten Fall wird wesentliche Reaktionszeit verloren, da jeder mit der Bekanntgabe seiner Abweichung zögert bis sie sich überhaupt nicht mehr vermeiden lässt. Dieser Zeitverzug dürfte sich auch durch höhere Leistungsfähigkeit technischer Systeme nicht aufholen lassen.

Controlling-Berichte – gemeinsam mit Empfänger erarbeitet

Die Betonung bei dieser Vorgehensweise liegt auf der gemeinsamen Erstellung von Controlling-Berichten. Ein Plan-/Soll-lst-Vergleich auf der Basis von Monatswerten oder kumulierten Daten kann auch als Controller-Bericht bezeichnet werden, da er vom Controller »solo« auf der Basis von Daten aus dem Rechnungswesen-System erstellt werden könnte. Er dient als Einstieg in den Controlling-Bericht. Dieser ergibt sich aus den Vorschau-Daten des Managers, denen wiederum korrigierende Maßnahmen zugrunde liegen. Diese Vorschau-Daten werden am besten im Rahmen einer praktizierten Schnittmenge, im Sinn des Controlling-Schnittmengensymbols, erarbeitet. Sie ergibt sich im Zweifelsfall in Form gemeinsamer Termine von Managern und Controllern.

Der PC unterstützt diese gemeinsame Erarbeitung von Controlling-Berichten durch Manager und Controller, da er bei guter Vorbereitung durch den Controller zunächst die Prozesszeit für Analysen und Berechnungen von Alternativen verkürzt. Die Meetings können so auf das Wesentliche konzentriert werden: die Aussagen der Manager, die in eine Aussageform auf den Bildschirm zu übertragen sind. Diese Aussageform kann aus einem im Sinne des Berichtswesens strukturiertem Spreadsheet oder der Erfassungsmaske einer Datenbasis bestehen, die für Berichtswesen-Applikationen genutzt wird.

Noch nicht ausgefüllte Felder fordern auf, noch etwas hinein zu tippen

Im Berichtswesen ist es dabei unter psychologischen Gesichtspunkten wesentlich, dass diese Aussageform (= Formular oder Spreadsheet) im Bildschirm, und selbstverständlich auch die Projektion mit dem Beamer, die Gesprächsteilnehmer quasi dazu zwingt, nebeneinander zu sitzen. Wenn dann gleichzeitig noch nicht ausgefüllte Felder für die Vorschau-Betrachtung (z. B. Rest-Erwartung, need to completion) zur Eingabe auffordern, sind gleichzeitig zwei Voraussetzungen gegeben:

– das Thema, bzw. die Sache, fordert zu einer Festlegung und Eingabe auf, nicht der Controller als Person. Hierdurch wird der Sachzwang deutlich gemacht;
– durch die Aufforderung zur Eingabe von Vorschau- und Erwartungsdaten wird der Gesprächsverlauf unmittelbar auf die nach vorn orientierte Maßnahmenebene fokussiert, ohne zunächst vom Gesprächsablauf her den Schwerpunkt auf die Analyse zu setzen. Die Analyse, die der Manager wahrscheinlich schon vorab für sich durchgeführt hat, ist kommunikationspsychologisch leichter zu besprechen, nachdem korrigierende Maßnahmen vorgeschlagen worden sind, obwohl logisch eine umgekehrte Reihenfolge zu bilden wäre.

Häufig werden entsprechende Berichtswesenpräsentationen, z. B. von Profit-Center-Managern, für ein Management-Meeting vorbereitet. Sinnvoll ist es in diesem Zusammenhang, wenn der jeweils zuständige Controller den entsprechenden Manager bei der Erarbeitung der Vorschau-Werte unterstützt. Dem im Management-Meeting zuständigen Controller sollten die vorbereiteten Charts mindestens 24 Stunden vor Präsentationsbeginn vorliegen, um im Sinn einer Second opinion noch rechtzeitig wirken zu können und bei einem evtl. von den Vorstellungen des Managers abweichenden »Controller's Statement« rechtzeitig die Zuständigen zu informieren, so dass nicht erst im Management-Meeting konträre Positionen erstmalig auftreten, sondern bereits mit möglichen Lösungen präsentiert werden.

Zielerfüllungs-Berichtswesen

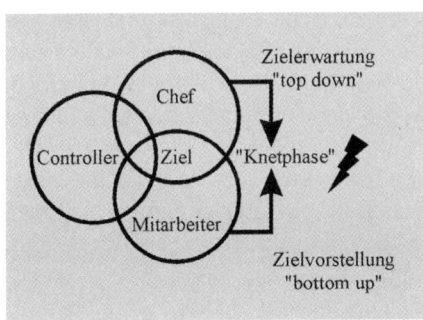

Abbildung 5.1: Der Controller als Zielfindungs- und -erreichungsbegleiter

Das Berichtswesen orientiert sich an den Zielgrößen der Manager. Im Sinne eines Managements by Objectives sind für jeden Manager Ziele nach Art und Höhe zu vereinbaren, die zu seinen Kompetenzen passen. Dieser Zielvereinbarungsprozess erfolgt zwischen ihm und seinem Vorgesetzten. Der Vorgesetzte vertritt die »Top-Down-Perspektive« und damit die Gesamtsicht. Diese ist mit der »Bottom-Up-Perspektive« des jeweiligen Mitarbeiters zu verbinden. Die Bottom-Up-Perspektive repräsentiert die Detailperspektive und erhöht die Motivation der Mitarbeiter sich für die Ziele verstärkt einzusetzen.

Der Controller wirkt in diesem Prozess der Zielvereinbarung als »Zielfindungsbegleiter«. Er liefert den beteiligten Daten und Analysen für herausfordernde und erreichbare Ziele. Im Berichtswesenprozess wechselt seine Rolle zum »Zielerreichungsbegleiter«. Ein Controller liefert Informationen und Hinweise mit dem Ziel, dass der Manager sein Ziel erreicht. Diese Rollen werden in Abbildung 5.1 visualisiert.

Das Berichtswesen beinhaltet die Information, wie groß der bisherige Grad der Zielerreichung auf der »Jahresrennstrecke« ist und wie der Zuständige sein voraussichtliches Ergebnis zum Jahresende einschätzt.

Entsprechend dieser Zielrichtung ist **individuell ein Bericht für jeden Manager** zu erstellen, der dessen spezifische Daten enthält. Auf Kostenstellenebene können diese Ziele zum Beispiel in sehr detaillierter Form als Leistungs-, Qualitäts- und Terminziele vorliegen. Mit aufsteigender Hierarchieebene nehmen auch die Kompetenzen zu, d. h., es müssen umfassendere Zielarten vorliegen, die sich aus den Subzielen innerhalb dieses Kompetenzbereiches ergeben. Dem »Berichtskegel« entspricht der ROI-Stammbaum als »Einzelzielesammelschema«, z.B. über Deckungsbeiträge nach Kunden, Produkten, Regionen etc.

Unter Berücksichtigung von Struktur- und Kapitalkosten lässt der Jahresüberschuss bzw. ein EVA ermitteln. In diesen Größen, Zielen der Geschäftsführung bzw. des Vorstandes, münden die Ziele aller Mitarbeiter.

Besonders hierarchisch aggregierte Berichte können dazu neigen, Informationen in sehr konzentrierter und teilweise abstrakter Form bereitzustellen. Im Extremfall könnte der Textkommentar eines solchen Berichts manchmal lauten: »Unter dem Strich ist alles in Ordnung, da sich z. B. die Summe der Abweichungen ausgleicht!«

Diese Aussage mag rechnerisch stimmen, doch wie sieht es mit der Arbeitsfähigkeit eines solchen Berichtes aus? Gibt es bereits berichtswürdige Sachverhalte, die noch gar nicht als Zahl erscheinen oder sich mit anderen Zahlen ausgleichen?

Flexible Berichtsstruktur durch selektive Komponenten

Insbesondere bei Berichten mit einem hohen Verdichtungsniveau sollte der Controller eine Berichtsstruktur schaffen, die sich aus einem standardisierten Kern zusammensetzt, der um selektive Komponenten ergänzt wird.

Der Berichtswesenkern sollte sich in seinem Aufbau durch zeitliche Konstanz auszeichnen und folgt in seinen Verdichtungsebenen zumeist der Aufbau-Organisation des Unternehmens. Das Management erhält somit auf der jeweiligen Ebene einen Überblick über den Grad der jeweiligen Zielerreichung. Die Konsolidierung entspricht den Anforderungen eines Responsibility Accountings.

Behandlung von Exceptions im Berichtswesen

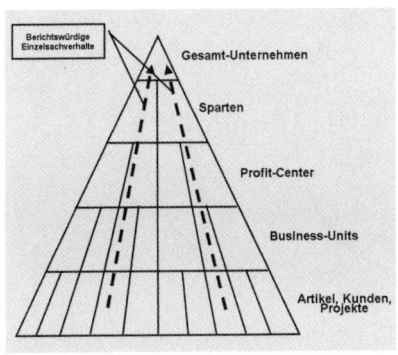

Besteht im Rahmen des Berichtswesens ein besonderer Entscheidungsbedarf hinsichtlich berichtswürdiger Einzelsachverhalte, so sollten diese Einzelsachverhalte mit zusätzlichen Detailinformationen explizit als Erweiterung des Standardberichtswesens dargestellt werden.

Abbildung 5.2: Berichtswesenpyramide

Manager und Controller würden monatlich im Stile einer Redaktionskonferenz die entscheidungsrelevanten Sachverhalte auswählen und aufbereiten, über die die GF bzw. der Vorstand während des nächsten Berichtswesenprozesses ausgewählt informiert werden sollen. Diese Sachverhalte werden inklusive zu entscheidender Maßnahmen, Terminleiste und den daraus resultierenden Effekten idealerweise in der Form des unten gezeigten 4-Fenster-Formulars aufbereitet.

Das nachfolgende 4-Fenster-Formular eignet sich hervorragend, als Text- oder Spreadsheet-Formular den Standardkern des Berichtswesens in selektiver Form zu ergänzen. Es enthält einerseits entscheidungsrelevante Forecast-Werte und berücksichtigt, wenn es Manager und Controller nebeneinander im Uhrzeigersinn ausfüllen, ebenfalls berichtspsychologische Sachverhalte, insbesondere zur die zukunftsorientierte Diskussion. Durch das nebeneinander Arbeiten wird eine Themazentrierung erreicht. Das Ausfüllen des Formulars im Uhrzeigersinn fördert die **Maßnahmen- und Zukunftsorientierung**. Beim Ausfüllen gegen den Uhrzeigersinn droht eine Vergangenheits- und Personenorientierung (Suche des Schuldigen).

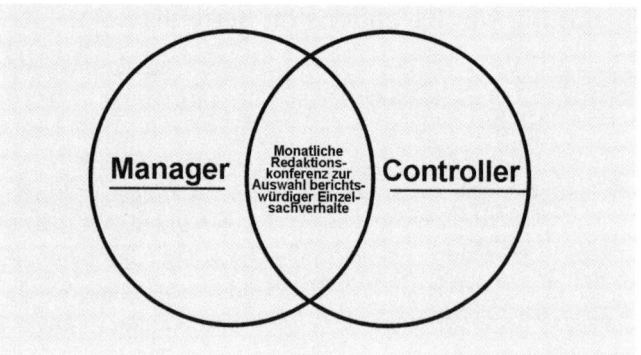

Abbildung 5.3: Manager und Controller wählen monatlich berichtswürdige Einzelsachverhalte im Stil einer Controlling-Redaktionskonferenz aus

Zur Generierung bzw. Selektion berichtsrelevanter Informationen aus Datenbasen bieten OLAP-Tools komfortable Abfrage- und Auswertungsmöglichkeiten, um aus dem Meer der relevanten Daten, Informationen zu filtern. OLAP-Datenbanken sind inzwischen teilweise sogar als Freeware kostenfrei einzusetzen,

z. B. Palo. Nähere Information zu dieser kostenlosen OLAP-Datenbank erhalten Sie unter www.jedox.com.

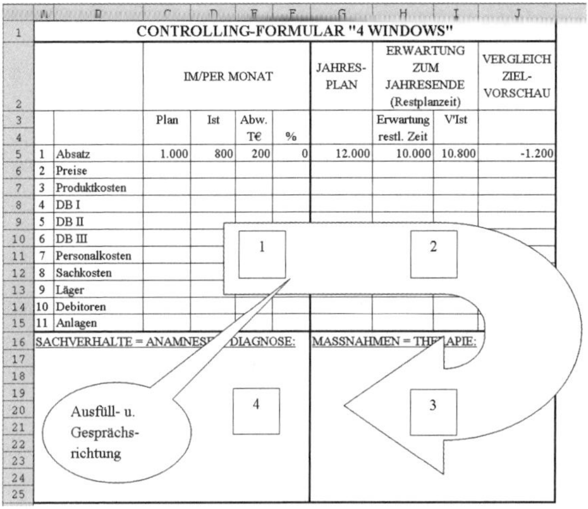

		IM/PER MONAT				JAHRES-PLAN	ERWARTUNG ZUM JAHRESENDE (Restplanzeit)		VERGLEICH ZIEL-VORSCHAU
		Plan	Ist	Abw.			Erwartung	V'Ist	
				T€	%		restl. Zeit		
1	Absatz	1.000	800	200	0	12.000	10.000	10.800	-1.200
2	Preise								
3	Produktkosten								
4	DB I								
5	DB II								
6	DB III								
7	Personalkosten								
8	Sachkosten								
9	Läger								
10	Debitoren								
11	Anlagen								

SACHVERHALTE = ANAMNESE / DIAGNOSE: MASSNAHMEN = THERAPIE:

Ausfüll- u. Gesprächs-richtung

Abbildung 5.4: Controlling-4-Fenster-Formular

Zusammenfassend: Im Berichtswesen ist eine hohe Sensibilität und persönliche Integrität des Controllers gefordert, damit der Manager den Controller-Service tatsächlich als Unterstützung und Hilfe, aber nicht als Kontrolle empfindet. Der PC leistet dem Controller dabei wertvolle Hilfe, ein schnelles themenzentriertes und personenorientiertes Berichtswesen zu realisieren.

Empfehlungen für das Berichtswesen

a) Führen Sie gemeinsame monatliche Berichtswesen-
    gespräche mit dem Management-Team durch.

b) Verwenden Sie bei diesen Sitzungen für jeden Bereich das
    4-Fenster-Bild, evtl. durch Grafiken ergänzt.

c) Jeder Bereichsleiter präsentiert innerhalb von 20 Minuten
    den Zielerreichungsgrad, die korrigierenden Maßnahmen
    und den Forecast für seinen Bereich selber.

d) Legen Sie den Schwerpunkt bei der Präsentation und
    anschließenden Kommunikation auf die Maßnahmen zur
    Zielerreichung und nicht auf die Gründe für die bisher
    eingetretenen Abweichungen.

e) Wirken Sie in der Controller-Rolle als Helfer zur Zielerrei-
    chung für den Manager und nicht als »Ankläger«.

f) Arbeiten Sie nebeneinander und themazentriert und nicht
    gegenüber und personenzentriert.

Der Controller und Business Intelligence

Was ist Business Intelligence?

»Business Intelligence, was ist das?« Diese Frage habe ich als Berater für Business Intelligence oft erhalten. Auch den Controllern in unseren Seminaren ist dieser Begriff noch sehr oft fremd. **Business Intelligence (BI)** ist ein Oberbegriff den Howard Dresner (Gartner Group) 1989 für die Verdichtung und Analyse von einer Vielzahl von Daten zu nutzbarem Wissen auswählte.

Allgemein kann BI definiert werden, als den Prozess, durch den Daten in Informationen und weiter in Wissen umgewandelt werden.

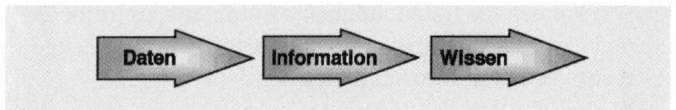

Abbildung 6.1: Der Business Intelligence Prozess

Aufgrund dieser Definition ist noch schwer vorstellbar, was sich konkret dahinter verbirgt. C. Dittmar und P. Gluchowski schreiben zum Begriff BI in (vgl. Hanning, U. (2002) S. 28) folgendes:

*Eine allgemein anerkannte Definition zum Begriff BI existiert nicht. Es herrscht jedoch Einigkeit darüber, dass es sich bei BI um eine begriffliche Klammer handelt, die eine Vielzahl unterschiedlicher **Ansätze zur Analyse von Geschäftsprozessen und von relevanten Wirkungszusammenhängen** zu bündeln versucht. Unter technologischen Gesichtspunkten lassen sich zum BI **alle Werkzeuge und Anwendungen mit entscheidungsunterstützendem Charakter** zählen, die zur besseren Einsicht in* *das eigene Geschäft und damit zum besseren Verständnis in die Mechanismen der relevanten Wirkungsketten führen.*

Eine Definition aus der Praxis lautet:
BI-Lösungen nutzen der Daten- und Informationsverarbeitung zur Unterstützung von Fach- und Führungskräften bei der Lösung betriebswirtschaftlicher Problemstellungen. BI-Systeme dienen somit der Optimierung der Unternehmenssteuerung durch Einführung von Abfrage-, Reporting-, Analyse- und Planungswerkzeugen.

Manchmal ist ein neuer Begriff leichter zu verstehen, wenn man weiß, auf welche Fragen Antworten gefunden werden sollen. Folgend sind einige dieser Fragen angeführt:

Welche Daten sollen in **welcher Form** im Unternehmen gesammelt werden?

- Wie können die Daten **möglichst automatisiert aufbereitet** werden, sodass diese zu **benutzergerecht und zeitgerecht verteilten Informationen** werden?
- Wie wird es möglich, dass der Controller **weniger Zeit für das monatliche Daten sammeln** aufbringt und **mehr Zeit für Analysen und Beratung** des Managements zur Verfügung hat?
- Wie wird die **Fertigstellung des monatlichen Standard Reportings am dritten Tag des Folgemonats möglich?**
- Wie kann eine **zentrale Informationsplattform** geschaffen werden, die als **gemeinsame Gesprächs- und Entscheidungsbasis** dient?
- **Wie** können die Informationen einfach und rasch analysiert werden und das **Wissen in den operativen Prozess eingegliedert** werden?
- Wie kann der oft aufgeblähte Budgetierungsprozess in den Unternehmen verschlankt werden (Thema: Beyond Budgeting bzw. Better Budgeting)?

- Wie kann der **Planungsprozess optimal unterstützt** werden, sodass Teilpläne einfach und schnell integriert und konsolidiert werden können?
- Wie kann die Planung durch **Simulationen, automatische Verteilfunktionen u. ä. mehr** unterstützt werden?
- Wie können letztlich die **operativen und strategischen** entscheidungsunterstützenden Prozesse miteinander **verknüpft** werden?

Der Controller als Zuständiger für BI

Im **Controller Leitbild der IGC** – International Group of Controlling (vgl. IGC (2001)) heißt es unter Anderem:

*Controller gestalten und begleiten den Managementprozess der Zielfindung, Planung und Steuerung und tragen damit Mitverantwortung für die Zielereichung. **Dabei leisten die Controller den erforderlichen Service der betriebswirtschaftlichen Daten- und Informationsversorgung.***

Die informationstechnische Unterstützung zur Aufbereitung der betriebswirtschaftlichen Daten- und Informationsversorgung bilden die BI-Systeme. **Die Konzeption, der Aufbau, die Pflege und die Weiterentwicklung der BI-Systeme sind somit im Aufgabengebiet der Controller zu sehen.** Der Controller könnte in dieser Hinsicht als **Chief Information Officer – CIO** bezeichnet werden! Und da es nicht nur um die Informationen sondern um das entstehende Wissen geht, vielleicht auch als **Chief Knowledge Officer – CKO.** In der Praxis kann man schon des Öfteren den Begriff BI-Manager und BI-Competence-Center vorfinden.

BI-Systeme sind bereits und werden in Zukunft noch mehr zum Standardwerkzeug des Controllers. Eine Bewältigung der bestehenden, oft unerfüllten, und auf jeden Fall noch wachsenden Anforderungen an die Controlling Systeme, wird ohne BI-Werkzeuge nicht möglich sein!

Warum brauchen wir Business Intelligence?

In vielen Unternehmen und Organisationen werden oftmals Daten gesammelt, ohne sich Gedanken über deren Nutzung zu machen. Daraus resultiert sehr oft ein Überfluss an Daten und gleichzeitig ein Mangel an Information. Das Problem ist, diese Daten so aufzubereiten, dass sie zu Information und letztlich zu Wissen werden, welches sich im Sinne der Firmenstrategie nutzbringend verwenden lässt.

Daten existieren in Unternehmen in unterschiedlichen Formen. Sie werden in verschiedenen operativen Systemen, beispielsweise im Marketing, im Vertrieb oder im Rechnungswesen gesammelt. All diese Daten entfalten ihren vollen Informationsgehalt allerdings erst bei ihrer Verknüpfung.

Oftmals ist es unverständlich für Manager, dass bestimmte Informationen bzw. Erkenntnisse aus diesen Datenpools nicht verfügbar sind oder zumindest nur mit großem Aufwand verfügbar gemacht werden können. Das Problem besteht darin, dass die Daten aus den unterschiedlichen Systemen nicht kompatibel sind. Die vielen ungenutzten Daten in den unterschiedlichen Systemen verkommen somit zu »Datenfriedhöfen«.

John Naisbitt, ein Zukunftsforscher, formulierte dieses Problem in seinem Buch »High Tech, High Touch« folgendermaßen (vgl. Naisbitt (2001):

»Wir ertrinken in Informationen und hungern nach Wissen«

Wenn wir in diesem Zitat das Wort *Information* durch das Wort *Daten* ersetzen, trifft es die Situation in den Unternehmen vielleicht noch besser:

»Wir ertrinken in Daten und hungern nach Wissen«

Typische Ausgangssituationen in Unternehmen

Was ist der Grund für die schwierige Aufbereitung der Daten?

Daten werden von unterschiedlichen Bereichen und Abteilungen gepflegt und sind oftmals in verschiedenen Systemen gespeichert. Absatzzahlen verschiedener Produkte pro Kunde finden wir beispielsweise in einem Vertriebsinformationssystem (VIS). Dieses wird vom Vertrieb oder von Vertriebscontrollern gepflegt. Informationen über die Zahlungsbereitschaft der Kunden finden wir wiederum in einem Buchhaltungssystem, das von Mitarbeitern im Bereich des Debitorenmanagement (Credit Management) verwaltet wird. Werden Auswertungen pro Kunde und Produkt über den Zahlungsausfall, Anzahl Tage bis zur Begleichung der Rechnung, Anzahl Mahnungen etc. gewünscht, so müssen diese Daten miteinander kombiniert werden. Oft wird das in einem dritten System, z.B. Excel durchgeführt. Dies kann sich vor allem dann schwierig gestalten, wenn die Daten im VIS und im Buchhaltungssystem in unterschiedlicher Art und Weise gespeichert sind. Wenn z.B. Kunden im VIS mit 5-stelliger und im Buchhaltungssystem mit 7-stelliger Kundennummer gespeichert sind oder mehrfach unter verschiedenen Namen und oder Kundennummern. **Um eine sinnvolle Auswertung zu ermöglichen erfordert dies einen aufwendigen, zumeist manuellen und in Folge auch fehleranfälligen Prozess des Datenabgleichs.**

Dieses eine Beispiel gibt einen kleinen Einblick mit welchen Problemen die Informationsmanager, also jene Personen, welche die Informationen aufbereiten sollen, zu kämpfen haben.

Weitere Probleme bzw. typische Ausgangssituationen in den Unternehmen können sein:

– Es existieren **viele Dateninseln** in jeweils isolierten Einzelsystemen.

– Der **Zugang** zu den Daten ist **nur über eine Vielzahl von unterschiedlichen Systemen möglich.** Will man Informationen aus diesen unterschiedlichen Datenpools, ist jeweils spezifisches Know-how notwendig. Desweiteren benötigt man eine Zugangsberechtigung und somit fallen Lizenzkosten an.

– **Die Systeme sind nicht primär auf Management-Unterstützung ausgelegt.** Die Darstellung, Präsentation der Informationen sind nicht kundengerecht. Vor allem operative, transaktionale Systeme (z.B. ERP Systeme wie SAP ERP) sind unflexibel und bedienungsunfreundlich in Bezug auf Auswertungen.

– **Kennzahlen** sind in den verschiedenen Systemen **unterschiedlich definiert**. Verschiedene Anwender sprechen bei vermeintlich gleichen Kennzahlen über unterschiedliche Zahlenwerte. Es existiert keine gemeinsame Basis.

– Die verschiedenen Systeme können nicht untereinander kommunizieren. **Es fehlen Schnittstellen.** Ein auto-matischer Datenaustausch, ein Datenabgleich bzw. eine Verknüpfung der Daten zur Gewinnung neuer Erkenntnisse wird dadurch stark erschwert.

– Gleichzeitig gibt es einen immer **größer werdenden Bedarf** der unterschiedlichen Fachabteilungen **an Auswertungen**.

– Neue Kommunikationskanäle (CRM, eCommerce, Web) bescheren den Unternehmen einen zusätzlichen Wust an Transaktionsdaten.

– Die **Zuständigkeit** der Daten bzw. Informationen in den unterschiedlichen Systemen liegt **nicht in einer Hand.**

Die Bedeutung von BI wächst!

Die Verfügbarkeit zeitnaher und gezielt kombinierter Informationen wird immer bedeutender. Das Management benötigt geeignete Voraussetzungen, um sowohl die operativen als auch die strategischen Geschäftsprozesse im Unternehmen zu steuern. Es reicht nicht mehr aus, Daten als Grundlage für die Informationen aus den üblichen operativen Systemen des eigenen Unternehmens zur Verfügung zu haben. Ergänzende externe Daten bzw. Informationen über Kunden, Lieferanten und Wettbewerber wie auch Vorgaben aus der Politik, Gesetzgebung und Erwartungen der Kapitalgeber, der Analysten werden notwendig (siehe Abb. 6.2).

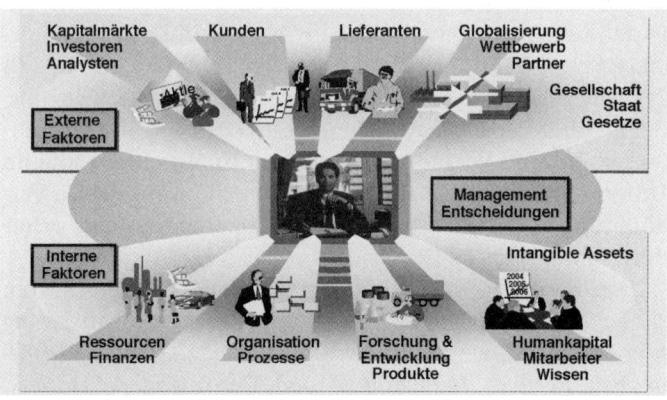

Abbildung 6.2: Eine Vielzahl an Informationen sind Voraussetzung für die nachhaltige Steuerung von Unternehmen.

Desweiteren nimmt der Bedarf an internen Informationen über so genannte »soft facts« zu. Mit »soft facts« sind die immateriellen Werte, im Englischen die »intangible assets«, gemeint. Als **Intangible Assets (IA)** bezeichnet man Werte in einem Unternehmen, die z.B. durch Mitarbeiter Know-how, Unternehmenskultur, Innovationskraft, Kunden- und Lieferantenbeziehungen,

Bekanntheitsgrad bedingt sind. Die klassischen finanzwirt-schaftlichen Kennzahlen treffen Aussagen über die Vergangen-heit. Im Gegensatz dazu erlauben die Intangible Assets Aussa-gen über das Potenzial der Gegenwart, in der Zukunft Rendite erwirtschaften zu können bzw. Cash Flow generieren zu kön-nen.

Die Bedeutung der Erfassung und Bewertung von Intangible Assets nimmt bei der Steuerung des Unternehmens sowie bei der Unternehmensbewertung als auch bei den Investitionen zu. Dies erfordert den Aufbau von Management- und Controllingin-strumenten, die auch einen gezielten Einsatz dieser Ressourcen ermöglichen.

Bei einem »Virtual Roundtable« zum Thema Business Intelli-gence im Juli 2003, veranstaltet vom allgemeinen Controlling-Portal Betreiber »Competence Site, Netskill AG« (vgl. Compe-tence Site, (2003)), wurden die aktuellen Anforderungen an BI Systeme beleuchtet. Spezialisten aus der BI Branche, Lehrende, Berater und Hersteller wurden gefragt, was heute **die relevan-ten, prägenden Veränderungen in den Unternehmen und im Unternehmensumfeld sind, die nun auch zwangsweise Ver-änderungen der Planungs- und Informationssysteme erfor-dern** bzw. bereits bedingt haben?

*Das Resümee lautete: Allgemein wichtige Veränderungen sind nach Ansicht der Experten vor allem die **Globalisierung** und der (seit langem) auf den Unternehmen lastende **Wettbe-werbs-, Kosten-, Innovations- und Geschwindigkeitsdruck.** Die **Qualität der Kooperation zwischen Unternehmen** und in-nerhalb der Unternehmen **wird steigen müssen.** Neben diesen allgemeinen, schon lange relevanten Veränderungen, kamen im Jahr 2004 spezielle Regelungen wie **IAS/ IFRS, Sarbanes-Oxley-Act und Basel II** als zusätzliche Herausforderung für Unterneh-men hinzu. Neue Technologien bieten jedoch Chancen für mehr qualitativ höherwertige und zeitnähere Systeme und Anwen-dungen.*

Informations- und Planungssysteme werden das Management dabei unterstützen müssen und unterstützen können, flexibel an jedem Ort jederzeit die gesamte interne und externe Wertschöpfungskette detailliert in allen Aspekten im Blick zu behalten. Dies bedeutet nicht nur vergangenheitsorientiertes analysieren, sondern auch zukunftsorientiertes simulieren, gestalten und planen.

Diese hier geschilderten Anforderungen an IT-Systeme zur Unterstützung der Erreichung der Unternehmensziele waren damals schon keine neuen. Wettbewerbsdruck, Kostendruck, neue Bilanzierungsregeln sind und bleiben voraussichtlich aktuelle Themen. Und auch schon früher hat man entsprechende Lösungen unter den damals möglichen technischen Bedingungen angeboten. In diesem Zusammenhang sind seit Beginn der Verwendung des Computers in Unternehmen bereits sehr viele Begriffe in Erscheinung getreten.

BI unterstützt die Unternehmenssteuerung

BI als Oberbegriff für DWH, MIS, DSS, EIS, BSC, ...

Im Folgenden sind beispielhaft Begriffe angeführt, die jeweils für Systeme stehen, die dem Management Hilfe bei der Steuerung der Unternehmen geben:

- Performance Management – PM
- Balanced Scorecard – BSC
- Data Warehouse – DWH
- Management Information System – MIS
- Online Analytical System – OLAP
- Decision Support System – DSS
- Executive Information System – EIS
- Data Mart
- Data Mining
- Knowledge Management – KM
- Business Performance Management – BPM

Anhand des Prozesses der Unternehmenssteuerung wird auf die einzelnen Begriffe eingegangen. Dabei wird gezeigt, dass BI als Oberbegriff für die hier angeführten Begriffe steht.

Performance Management

Performance Management dient als **zentrales Instrument der Unternehmensführung zur strategiekonformen Leistungssteuerung** und berücksichtigt dabei finanzielle und nicht finanzielle Messgrößen des Unternehmens. PM bietet Unterstützung bei der laufenden Identifikation von Verbesserungspotenzialen in allen Unternehmensbereichen über alle Hierarchien, vom Topmanagement über alle Geschäftsprozesse hinweg bis zum einzelnen Mitarbeiter des Unternehmens.

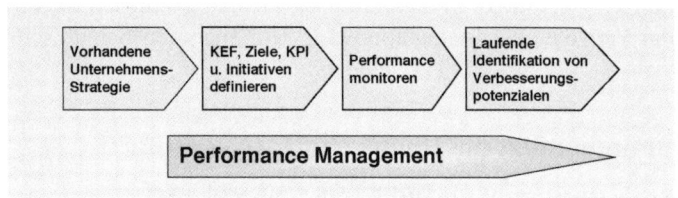

Abbildung 6.3: Der Performance Management Prozess

Die Elemente von Performance Management sind:

– Aus der bestehenden Unternehmensstrategie werden möglichst ausgewogene Ziele (nicht nur Finanzziele, z.B. Prozessziele und Marktziele) sowie die kritischen Erfolgsfaktoren – KEF (man könnte diese auch als Teilstrategien bezeichnen) abgeleitet.

– Zur Messung der Zielerreichung werden in Folge Kennzahlen (Key Performance Indicators, KPI´s) bestimmt.

– Im nächsten Schritt müssen Instrumente geschaffen werden, welche die Erreichung der gesetzten Ziele überwachen (monitoren).

– Aus der Erreichung bzw. der Nichterreichung der Ziele werden laufend Verbesserungspotenziale abgeleitet.

Die Ziele, KEF und KPI`s werden **zuerst für das Gesamtunter-nehmen** bestimmt. Von diesem ausgehend, ermittelt man die Größen **für die einzelnen Unternehmensbereiche** (z.B. in den verschiedenen Profit Centers) über die **unterschiedlichen hie-rarchischen Ebenen** hinweg, eventuell bis zum einzelnen Mit-arbeiter runter gebrochen. Wichtig ist zu berücksichtigen, dass die einzelnen **Ziele untereinander verknüpft** sind, also in ei-ner Abhängigkeit stehen.

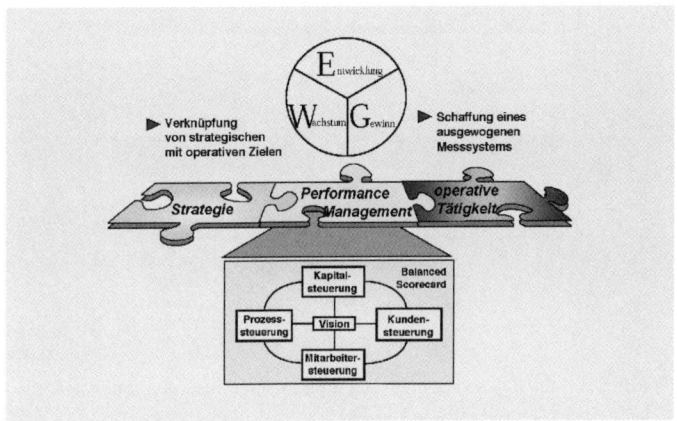

Abbildung 6.4: Performance Management zur ausgewogenen Zielverfol-gung, sowie zur Verknüpfung von strategischer mit operativer Steuerung des Unternehmens.

Der **Perfomance Management Prozess ist somit ein kontinu-ierlicher Prozess der Leistungsmessung,** der über das übliche beobachten der Finanzkenngrößen hinausgeht.

Balanced Scorecard

Die Balanced Scorecard (BSC) wurde in den 1990iger Jahren von Robert S. Kaplan und David P. Norton entwickelt (vgl. Ka-plan R., Norton D. (1996)). Das Konzept der BSC ist, wie beim PM-Prozess, die Unternehmensstrategie mit den operativen Geschäftsprozessen zu verknüpfen. Nach Kaplan und Norton sind bei der BSC die Ziele zumeist nach den typischen Perspektiven (Sichtweisen) Kunden, Prozesse, Mitarbeiter und Finanzen ausgerichtet (siehe Abb. 6.5). Dies soll eine ausgewogene Betrachtung der zu verfolgenden Ziele gewährleisten. Die in den vier Perspektiven dargestellten Ziele stehen in Abhängigkeit voneinander. Diese Abhängigkeit wird in einer Ursache-Wirkungs-Beziehung dargestellt.

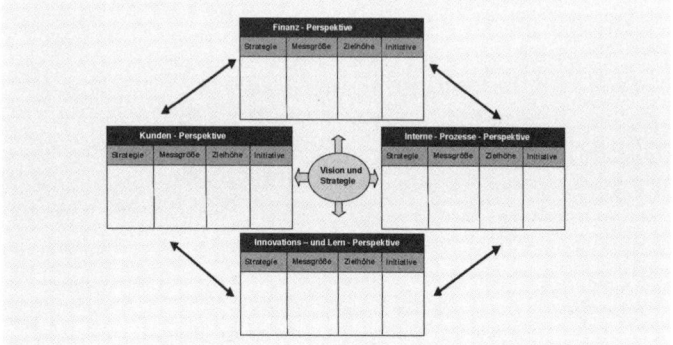

Abbildung 6.5: Die Elemente der BSC ausgerichtet nach den typischen Perspektiven (vgl. Kaplan R., Norton D. (1996)).

Die Vorgehensweise bei der Erstellung einer BSC ist wie folgt:
– Erarbeitung einer transparent formulierten und kommunizierten Unternehmensstrategie
– Ableitung der Unternehmensziele aus der Unternehmensstrategie in Hinsicht auf die verschiedenen Sichtweisen (Perspektiven) Kunden, Prozesse, Mitarbeiter und Finanzen (oder auch andere für das Geschäft des Unternehmens relevante Perspektiven)
– Festlegung der Teilstrategien (man könnte auch kritische Erfolgsfaktoren sagen) in den jeweiligen Perspektiven

- Bestimmung der Ursache-Wirkungs-Beziehungen der
  verschiedenen Ziele innerhalb der Teilstrategien und auch
  zwischen den Teilstrategien
- Bestimmung der relevanten Messgrößen, Kennzahlen
  (KPI's) zur Messbarmachung der Zielerreichung in den
  verschiedenen Perspektiven
- Bestimmung der Zielhöhe der KPI's
- Ableitung der Initiativen (Maßnahmen) zur Zielerreichung
- Laufende Überwachung der Umsetzung der Initiativen
  sowie der Erreichung der Ziele

Mit Hilfe von Performance Management wird, genauso wie mit
der BSC, eine aus der Unternehmensstrategie abgeleitete ausgewogene Zielverfolgung angestrebt. In Abb. 6.4 ist zusätzlich
das WEG-Symbol dargestellt. Das W steht für Wachstum, das E
für Entwicklung und das G für Gewinn / Geld. Diese drei Buch-
staben, von Herrn Dr. Deyhle im Kreis vereinigt, drücken seit
1971 das aus, was durch die BSC zu einer weltweiten Verbreitung geführt hat, nämlich die notwendige Ausgewogenheit der
zu verfolgenden Ziele (vgl. Deyhle, Hauser (2007)).

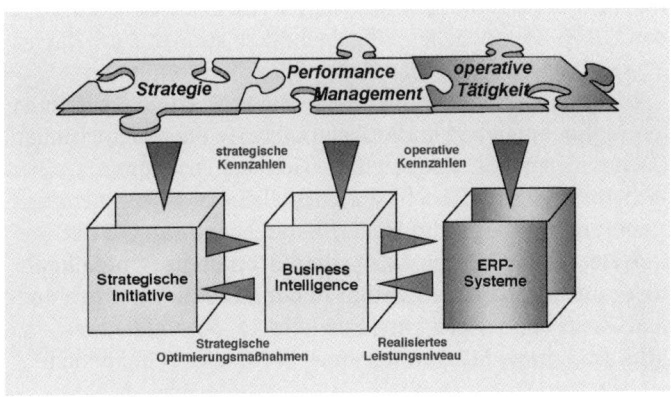

Abb. 6.6: Business Intelligence als wichtige Voraussetzung für PM und BSC

Innerhalb von Performance Management oder auch einer BSC werden **die strategischen Ziele mit den operativen Einzelzielen verknüpft**. Somit wird der Rahmen zur kontinuierlichen Verbesserung durch operative Maßnahmen zur Erreichung strategischer Ziele geschaffen. Durch die gesamthafte Darstellung dieser Zusammenhänge wird eine gezielte Steuerung des Unternehmens ermöglicht. Die Verfügbarkeit einer unternehmensweit konsistenten und **aktuellen Datenbasis in Form eines Data Warehouses** ist für die erfolgreiche Umsetzung von Performance Management oder einer BSC eine erste entscheidende Voraussetzung. Oftmals werden implementierte BSC´s nach einer ersten euphorischen Phase nicht weitergelebt. Ein häufiger Grund ist der teilweise hohe Wartungsaufwand einer BSC. Durch einen so weit als möglich automatisierten Datenladevorgang, kann ein erster Teil des Aufwandes verringert werden. Da eine BSC immer auch mit sogenannten »soft facts« bestückt ist, bleibt eine teilweise manuelle Bearbeitung nicht aus. Auch dabei kann eine geeignete Software entsprechend Unterstützung bieten. Z.B. können BSC-Programme die verantwortlichen Personen jeweils benachrichtigen (z.B. durch eine Email), wann welche Informationen eingegeben werden müssen. Mit Hilfe von z.B. WEB-tauglichen Eingabemasken können dann die fehlenden Daten direkt in das System eingeben werden.

Innerhalb der BSC können somit die Umsetzung der definierten Maßnahmen sowie die Zielerreichung überwacht werden. Da die in der BSC dargestellten Ziele zumeist sehr stark verdichtete Ziele sind, reicht die BSC alleine zur Unternehmenssteuerung nicht aus. **Um** vielleicht ausgehend von der BSC **weitere Details ersichtlich zu machen, werden geeignete Reporting- und Analysewerkzeuge benötigt.** Je nach Ausführung und Zielgruppe spricht man in diesem Zusammenhang von **MIS, DSS, bzw. EIS**, die Teil eines BI-Systems sein können.

Business Performance Management

Weitet man den zuvor verwendeten PM-Begriff noch weiter nach »links« aus (siehe dazu Abb. 6.7), so steht PM für eine **ganzheitliche Unternehmenssteuerung**.

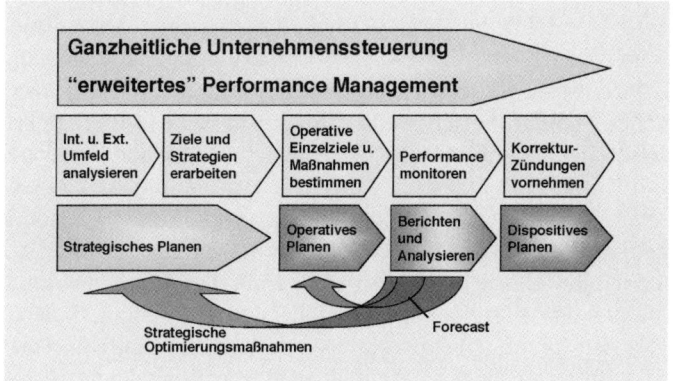

Abbildung 6.7: Der Prozess der ganzheitlichen Unternehmenssteuerung

Ganzheitliche Unternehmenssteuerung heißt, dass die gesamte Steuerungskette des Unternehmens betrachtet wird. Ausgehend von der Umfeldanalyse ganz links im Bild bis hin zu den Korrekturzündungen (korrigierende Maßnahmen), die das Alltagsgeschäft erfordert. In dieser Prozesskette sind im Vergleich zum zuvor beschriebenen BSC-Prozess die Umfeldanalyse und die Strategiefindung zusätzlich dargestellt.

Mit »internes und externes Umfeld analysieren« ist gemeint, die eigenen Stärken und Schwächen (intern) sowie die Chancen und Gefahren, die von außen kommen (extern) zu bestimmen. Voraussetzung dafür sind Informationen, wie sie in Abb. 6.2 dargestellt sind. Abgeleitet aus diesen Informationen werden die Unternehmensstrategie und -ziele festgelegt. Dieser erste Prozessabschnitt wird hier als die strategische Planung bezeichnet. Das Handling der internen und externen Informationen, die sowohl strukturierte als auch unstrukturierte Informationen sein können, ist wiederum Teil von **Knowledge Management.**

Das Runterbrechen auf operative Einzelziele und die Festlegung auf Maßnahmen steht für die operative Planung. Im nächsten Prozessschritt werden die Erreichung der operativen Einzelziele (Soll-Ist-Vergleiche) sowie das Erreichen der strategischen Ziele beobachtet. Was die Visualisierung der Erreichung der operativen Ziele betrifft, geschieht dies mit Hilfe des monatlichen **Standardberichtswesens bzw. mit bedarfsabhängigen, zusätzlichen Reports und Analysen** (z.B. **Ad hoc Analysen mit OLAP Tools**). Je nach Abweichung gehen daraus korrigierende dispositive Maßnahmen (so genannte Korrekturzündungen) hervor, die den nächsten Prozessschritt ausmachen. Sind jedoch die Abweichungen zu groß, kann das eine Auswirkung auf die operative Planung bedeuten. Das kann heißen, dass neben dem ursprünglichen Planwert (z.B. Absatzzahl) im Forecast ein neuer Zielwert ermittelt wird. Davon abhängige Pläne (z.B. Produktionsplan) müssen entsprechend darauf abgestimmt werden. Dieser Vorgang ist in Abb. 6.7 mit dem Pfeil von »Berichten und Analysieren« zum Prozessschritt davor »Operatives Planen« angedeutet. Die Analysen können, vielleicht in Kombination mit externen Informationen, jedoch auch ergeben, dass die ursprünglich geplante Strategie nicht die gewünschte Wirkung zeigt. Dann ist ein Überdenken bzw. Überarbeiten der Strategie notwendig. Dies ist in Abb. 6.7 mit dem zweiten Pfeil zurück zur strategischen Planung gemeint.

Unter Business Intelligence versteht man die informationstechnischen Werkzeuge, die der optimalen Unterstützung der ganzheitlichen Unternehmenssteuerung dienen. Performance Management im erweiterten Sinne, kann als betriebswirtschaftlicher Überbegriff für BI angesehen werden. So wie in Abb. 6.8 dargestellt, wird dies neuerdings auch als **Business Performance Management BPM** bezeichnet. Die Anforderungen an BI leiten sich somit aus der ganzheitlichen Unternehmenssteuerung ab.

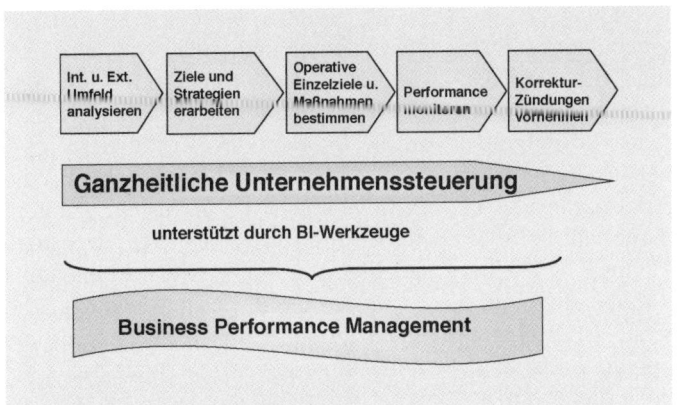

Abbildung 6.8: Business Performance Management ist die ganzheitliche Unternehmenssteuerung, die durch BI-Werkzeuge unterstützt wird.

Die Eingliederung von DWH, MIS, EIS, ... in ein BI-System

Zur Abgrenzung bzw. Eingliederung sind in Abbildung 6.9 die verschiedenen, das Management unterstützenden Systeme, in einem Diagramm dargestellt.

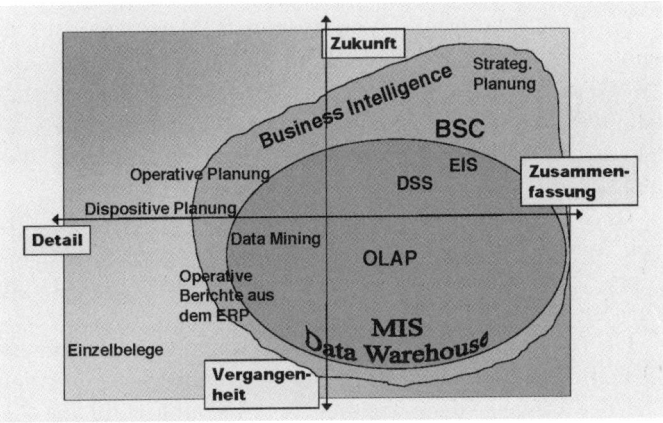

Abb. 6.9: Die Eingliederung verschiedener Begriffe in Zusammenhang mit BI

Entlang der x-Achse ist der Detaillierungsgrad der in den Systemen beinhaltenden Informationen dargestellt. Nach links erhöht sich der Detaillierungsgrad, nach rechts nimmt die Verdichtung (Aggregierung) der Informationen zu. Entlang der y-Achse ist dargestellt, ob die Informationen mehr vergangenheits- oder zukunftsorientiert sind. Zur Orientierung sind die strategische und die operative sowie die dispositive Planung dargestellt. Sowohl operative, strategische als auch dispositive Planung sind zukunftsgerichtet. Die strategische noch mehr als die operative und am wenigsten die dispositive Planung. Die strategische Planung wird nicht so detailliert geplant wie die operative Planung. BI unterstützt sowohl die strategische als auch die operative Planung. Vor allem aber ist BI bei der Verknüpfung von der strategischen mit der operativen Planung behilflich. Die dispositive Planung wird auf Grund der Berichte und Analysen, die Teil von BI sind, durchgeführt. Erfahrungen zeigen, dass Details der dispositiven und auch der operativen Planung in den ERP-Systemen verbleiben.

Ein **Decision Support System (DSS)** ist ein entscheidungsunterstützendes System, welche Abfrage- und Reportinglösungen für (oft multidimensionale) Datenbanken zur Verfügung stellt.

Ein **Executive Information System (EIS)** ist eine Anwendung zur Analyse und Präsentation von Daten zu Managementzwecken. EIS sind gekennzeichnet durch eine einfache Handhabung und durch geringe Analysemöglichkeiten, da sie vor allem dem oberen Management für Toplevel Entscheidungen dienen sollen.

OLAP (Online Analytical Processing) ist eine Kategorie von Anwendungen und Techniken für die Sammlung, Steuerung, Bearbeitung und Präsentation multidimensionaler Daten zur Datenanalyse und Auswertung.

Ein **Data Warehouse (DWH) bzw. auch Management Informationssystem (MIS)** dient den Analysezwecken von Daten aus der Vergangenheit wodurch Entscheidungen für die Zukunft getroffen werden können. Ein DWH bzw. MIS beinhaltet zumeist auch ein **OLAP-System,** mit dessen Hilfe die Analyse-möglichkeiten noch wesentlich verbessert werden. Sowohl ein EIS als auch ein DSS können Teile eines umfassenden DWH sein. Der Begriff DWH wird hier äquivalent dem Begriff MIS gesetzt obwohl das nicht immer der Fall sein muss. Im nächsten Abschnitt wird darauf noch näher eingegangen.

Der Versuch der Einordnung dieser Begriffe in ein solches Schema wie in Abb. 6.9 ist nicht einfach, da es sehr unterschiedliche Anschauungen darüber gibt, was die jeweiligen Systeme tatsächlich umfassen. Ich habe die Begriffe in der Form eingeordnet, wie es meinem praktischen Erfahrungshintergrund am ehesten entspricht, dies ist natürlich subjektiv. Die Abb. 6.9 soll uns nichts desto trotz helfen einen schnellen und besseren Überblick über die verschiedenen Management unterstützenden Systeme zu erhalten.

Im nächsten Abschnitt wird eine umfassende Architektur eines BI-Systems mit all seinen Bestandteilen dargestellt. Anhand dieser Architektur werden die noch nicht erläuterten Begriffe beschrieben bzw. auf manche Begriffe noch näher eingegangen.

Die BI-Architektur – Bestandteile von BI

Was die Bestandteile eines Business Intelligence Systems sind, wird von verschiedenen Autoren unterschiedlich definiert. Teilweise wird nur der Zugriff mit Reportingwerkzeugen auf die Daten bzw. Informationen als BI bezeichnet. Oft wird BI als Synonym für MIS oder DWH verwendet. In Expertenkreisen werden zu BI-Systemen nicht nur Analysewerkzeuge, sondern auch Planungswerkzeuge gezählt. Vor allem jene Werkzeuge sind damit gemeint, die eine Verknüpfung von strategischer mit operativer Planung erlauben. Teilweise fällt auch der Begriff Knowledge Management in Zusammenhang mit BI.

Sehr gut gefallen hat mir die Abgrenzung von BI wie sie C. Dittmar und P. Gluchowski in (vgl. Hanning, U. (2002) S. 33) dargestellt haben (siehe Abb. 6.10). In dieser Abbildung wird

unterschieden zwischen einem weiten, einem analyseorientier-
ten und einem engen BI-Verständnis. In Form einer Matrix wird
desweiteren unterschieden zwischen Technik und Anwendung
sowie zwischen Werkzeugen, die der Datenbereitstellung und
der Datenauswertung dienen.

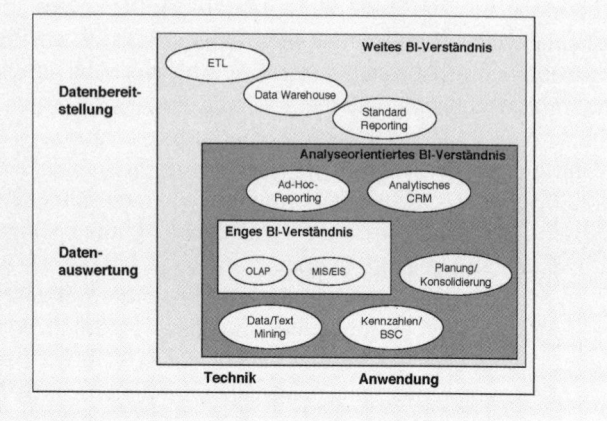

Abbildung: 6.10 Abgrenzung von BI nach C. Dittmar und P. Gluchowsk

Was man auch immer mit dem Begriff BI umfasst, ein Falsch
und ein Richtig kann es aus meiner Sicht nicht geben. Wichtig
ist, dass in Gesprächen und vor allem in Projekten ein gemeinsames Verständnis geschaffen wird. Die Begrifflichkeiten unter-
liegen Marketing getriebenen Modeerscheinungen. Alte Inhalte
verkaufen sich eben unter modernen Namen besser. Business
Intelligence ist in diesem Sinn nichts Neues. Neu ist, dass es
mit BI einen Oberbegriff für bereits Dagewesenes gibt. Es gibt
auch die Meinung, dass sich BI als Name zu wenig etabliert hat
und schon wurden wieder neue Begriffe geschaffen wie der
schon erwähnte Begriff Business Performance Management
(BPM) und auch Corporate Performance Management (CPM).
Die neuen Begriffsschöpfungen BPM und CPM sollen die Inno-

vationen besser transportieren und auch Top-Manager ein-
facher erreichen als dies bei Business Intelligence der Fall war.
Im Folgenden gilt für dieses Buch für BI das Verständnis im
weiteren Sinne.

Die BI-Architektur im weiteren Sinne

Abbildung 6.11 zeigt eine BI-Architektur. Anhand dieser Architektur werden die im vorherigen Kapitel angeführten Begriffe
einsortiert bzw. definiert, um so weit als möglich bzw. nötig
eine Abgrenzung darzustellen.

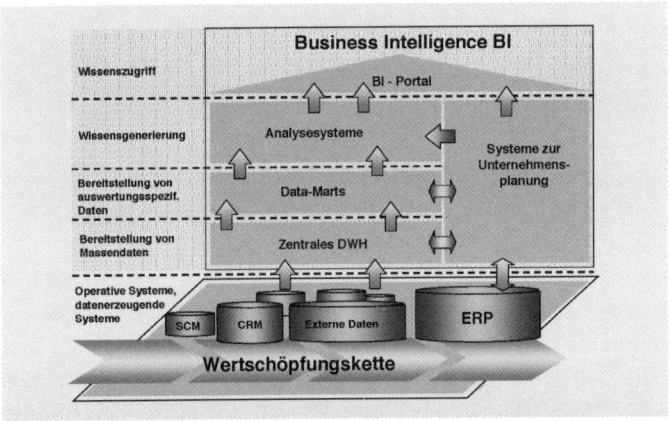

Abbildung 6.11: Eine typische BI-Architektur (im weiteren Sinne)

1. Daten erzeugende Systeme

Auf der **untersten Ebene** dieser Architektur sind jene Systeme
dargestellt, in denen die Daten entstehen. Man spricht in diesem Zusammenhang auch ganz allgemein von den Vorsystemen. Dazu gehören vor allem die **betriebswirtschaftlich administrativen Systeme**.

Die betriebswirtschaftlich administrativen Systeme (auch als
operative Systeme bezeichnet) stellen Funktionen zur Verfügung, mit deren Hilfe die geschäftlichen Transaktionen eines

Unternehmens verwaltet und durchgeführt werden können. Typische Aufgaben für administrativ betriebswirtschaftliche Systeme liegen in der Auftragserfassung, Rechnungsstellung, Einkauf, Lagerverwaltung, Personalverwaltung, Lohnbuchhaltung, Finanzbuchhaltung etc.. Im Falle der so genannten **Enterprise-Ressource-Planning-Systeme (ERP)** unterstützen diese Systeme nicht nur einzelne Bereiche, sondern alle Funktionen der betriebswirtschaftlichen Wertschöpfungskette. Als ERP-Systeme gelten zum Beispiel (alphabetisch sortiert): Baan, DATEV, InforERP, Mesonic ERP, Microsoft Dynamics (Axapta, Navision), Oracle Applications (JD Adwards, PeopleSoft), proALPHA, SAP ERP (bzw. R/3) SAP Business One, SoftM.

Abbildung 6.12: Die Daten erzeugenden Systeme

Die betriebswirtschaftlich administrativen Systeme charakterisieren sich aus technischer Sicht vor allem dadurch, dass ihre Funktionen auf einzelnen Transaktionen (Aufträge, Buchungssätze etc.) basieren. Deshalb werden sie auch als **OnLine-Transaction-Processing-Systems (OLTP-Systeme)** bezeichnet. Da diese Systeme auf Massendatenverwaltung ausgerichtet sind, sind die Reporting- und Analysefähigkeiten zumeist nur eingeschränkt möglich.

In Abbildung 6.12 sind auf dieser Ebene beispielhaft weitere Daten erzeugende Systeme dargestellt: Ein Customer Relationship Management (CRM) System, ein Supply Chain Management (SCM) System, sowie Externe Daten aller Art.

Die Daten erzeugenden Systeme sind nicht Teil des
BI-Systems.

2. Daten bereitstellende Systeme

Aufgesetzt auf der Ebene der Daten erzeugenden Systeme befinden sich die Daten bereitstellenden Systeme. In diesem Teil des BI-Systems befinden sich das **Zentrale Data Warehouse (DWH)** sowie die **Data Marts**.

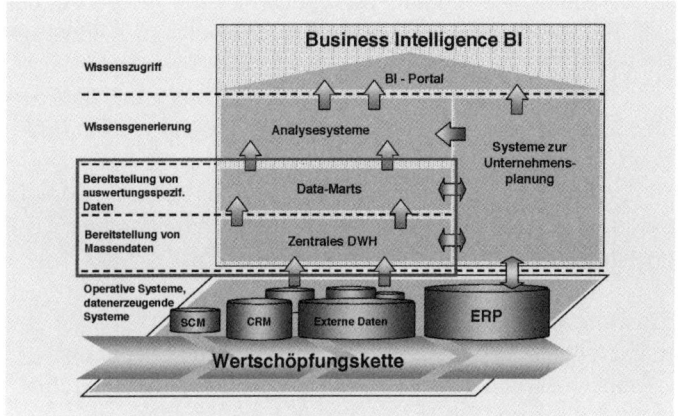

Abbildung 6.13: Die Daten bereitstellenden Systeme

Im **Zentralen DWH** werden Daten aus den operativen Systemen übernommen und dort redundant gehalten. Es dient vor allem der Massendatenhaltung von bereinigten Daten.

Ein **Data Mart** stellt einen weiteren bewusst redundant gehaltenen Ausschnitt aus dem Zentralen DWH dar. In den Data Marts sind die Daten in einer Form gespeichert, die die analytische Betrachtung des Datenbestandes besonders unterstützt. Hierbei steht also im Vordergrund, dass die voraussichtlich erforderlichen Informationen rasch zur Verfügung stehen für z.B. die monatlichen Standard Reports oder auch für so genannte Ad hoc Analysen. Die Funktionen der Data Marts und deren Datenmodelle sind explizit für die Analyse großer Datenmengen konzipiert.

Mit dem Begriff Data Warehouse (DWH) sind oftmals sowohl das Zentrale DWH als auch die Data Marts gemeint. Eine scharfe Abgrenzung dieser Begriffe existiert in der Praxis nicht.

Definition von Data Warehouse

W. H. Inmon (vgl. Inmon, W.H. (1992)), einer der ersten, der sich mit dieser Thematik auseinandergesetzt hat, definiert in »Building the Data Warehouse«, 1992, DWH wie folgt:

A Data Warehouse is a subject-oriented, integrated, time-variant, and non-volatile collection of data in support of managements decision support process.

Zur Erläuterung dieser Definition sind im Folgenden drei in der Praxis verwendete Definitionen für ein Data Warehouse aus jeweils unterschiedlicher Sichtweise angeführt:

Ein Data Warehouse …

a) … ist eine Sammlung von Schlüsselinformationen, die dazu verwendet werden, ein Unternehmen auf die profitabelste Art und Weise zu verwalten und zu führen.

b) … dient der unternehmensweiten Datenversorgung der Front-End-Systeme zur Informationsversorgung und Entscheidungsunterstützung betrieblicher Fach- und Führungskräfte.

c) … ist ein physikalisch von den operativen Vorsystemen getrenntes System und baut lediglich zum Zweck der periodischen Datenaktualisierung bzw. -ergänzung Verbindungen zu den operativen Systemen auf.

a stellt die betriebswirtschaftliche Sicht dar. Ruft man sich die Definition von BI auf der ersten Seite dieses Kapitels in Erinnerung, so ist klar, dass ein DWH Teil eines BI Systems sein muss.

b stellt klar, dass das DWH die Datengrundlage bildet für aufsetzende Systeme (Front End Tools) die zur Kommunikation mit den Endanwendern dienen.

c gibt eine technische Sicht wieder. Daraus geht hervor, dass ein DWH nicht nur eine Software (ein Programm) ist, die auf der gleichen Hardware (Computer, Server) läuft wie das ERP System (z.B. SAP R/3). Das DWH ist auf eigens dafür vorgesehener Hardware (Server) installiert.

Client-Server-Technologie bzw. WEB Application Server

Bei der Client Server Technologie stellen bestimmte Computer, die Server, eine Reihe verschiedener Dienste bereit, die von vielen anderen Computern, den Clients genutzt werden können. Die Computer müssen dazu in einem Netzwerk angeordnet sein. Das Data Warehouse mit seinen Daten wird zentral auf dem Server gespeichert und lässt sich so besser verwalten und überwachen. Außerdem lässt sich mit diesem Verfahren ein System sehr flexibel vergrößern oder auch verkleinern. Der vom Endanwender genutzte PC (oder auch Laptop) stellt den Client dar. Am Client ist nur jene Software installiert, die für den Zugriff auf das zentral am Server liegende DWH unbedingt notwendig ist. Teilweise sind sogar schon Terminals vorhanden, die nicht einmal lokale Festplatten besitzen, sondern alle Daten, auch das Betriebssystem von den Servern laden. Mit Hilfe der WEB-Technologie wird sich dieser Trend noch verstärken. Die Zukunft ist, dass der Client nur noch einen WEB-Browser (Netscape, MS Windows, Opera, ...) installiert hat, über den auf das am Server liegende DWH zugegriffen wird. Die **Client-Server-Technologie** wird heute von den meisten BI-Anbietern verwendet, WEB Applications sind wohl die Zukunft.

Entlastung des operativen Systems durch BI-Systeme

Ein großer Vorteil der Datenhaltung für Analysezwecke im BI-System liegt darin, dass dadurch die operativen Systeme entlastet werden. Vorsysteme wie z.B. das ERP-System sind bereits durch die transaktionalen Vorgänge stark belastet. Wird ein Report im OLTP-System aufgerufen, muss dieses für die transaktionalen Prozesse vorgesehene System, alle im Report gewünschten Daten erstmal aufsummieren (aggregieren). Dies belastet und behindert oftmals das OLTP-System stark und es dauert des Weiteren zumeist lange (bis zu mehreren Stunden) bis der Report fertig errechnet ist und somit zur Ansicht erscheint. Durch die Verlagerung dieser Analysetätigkeit auf dafür vorgesehene Systeme wird ermöglicht, dass die für das OLTP-System notwendige Hardware nicht immer noch größer und somit teurer ausgelegt sein muss. Da das DWH auf Datenanalyse spezialisiert ist, gelangen in diesem Reports viel rascher zur Ansicht.

Ein BI-System ermöglicht die beliebige Kombination von Daten

Daten aus verschiedenen Vorsystemen können im BI-System den Anforderungen entsprechend kombiniert werden (siehe Abb. 6.14). In ERP Systemen besteht oft die Einschränkung, dass die Daten des eigenen Systems entweder gar nicht oder nur mit großem Aufwand mit systemfremden Daten (z.B. Daten von einem Marktforschungsinstitut wie Nielsen, GfK) verknüpft werden können. Zumeist ist schon die Kombination von Daten ein und desselben Systems aber aus verschiedenen Bereichen (im SAP ERP sind das z.B. die unterschiedlichen Module wie FI, SD, …) wie Finanzbuchhaltung und Logistik nur schwer möglich. Noch schwieriger wird es, wenn innerhalb des Konzerns z.B. zwei Tochterunternehmen unterschiedliche ERP-Systeme verwenden und auf Konzernebene diese Daten dann konsolidiert dargestellt werden müssen. Sind die Daten erst einmal zentral in einem DWH untergebracht, sind diese Probleme gelöst – die Konsolidierung bzw. beliebige Kombination der Daten, egal woher, wird einfach möglich.

Der Data Cleansing Prozess

Um die Verknüpfung der Daten aus den unterschiedlichen Vorsystemen zu ermöglichen, muss zuvor eine gemeinsame Datenbasis geschaffen werden. **Die Daten müssen gefiltert, angereichert, harmonisiert und verdichtet werden – dies geschieht**

im Data cleansing Prozess (siehe Abb. 6.14). Sollen z.B. die unternehmensinternen Vertriebsdaten mit den zugekauften externen Daten vom Marktforschungsinstitut verknüpft werden (Anreicherung), müssen diese aufeinander abgestimmt sein. Damit das System weiß, dass mein Kunde »4711« dem Kunden »Mayer« aus der Datenbank des Marktforschungsinstitutes entspricht, müssen die Kundennamen in die gleiche Form gebracht werden (Harmonisierung). Die verwendeten Namen, Definitionen von Kennzahlen, Berechnungsmethoden von Kennzahlen, Bezeichnungen, Beschreibung der Datensätze und vieles mehr, müssen, egal aus welchem Vorsystem, übereinstimmen (Harmonisierung). Bei der Harmonisierung werden die Daten zumeist themenbezogen gruppiert nach z.B. Regionen, Kunden, Produkten oder Organisationseinheiten.

Im Data Cleansing Prozess wird weiters überprüft, ob der Datensatz korrekt ist (Filterung). Ein **Datensatz** kann z.B. folgendes beinhalten:

Region	Kunde	Datum	Produkt	Umsatz	Menge	Preis
Nord	Mayer	01.12.2005	Reifen x	300.000	2.000	150

Der Datensatz wird auf Vollständigkeit und auf Korrektheit überprüft. Sind es tatsächlich 7 Felder die pro Satz mitgegeben werden? Beinhaltet das erste Feld für »Region« tatsächlich ein Textfeld? Wird im zweiten Feld »Kunde« auch wirklich der Kunde mit seiner Kundennummer (also ein numerisches Feld) angegeben und nicht mit Namen (Text)? Wird im Feld für »Datum« auch das richtige Datumsformat (01.12.2005) mitgegeben? Bzw. wenn aus dem OLTP-System 1 das Datumsformat x (2005-12-01) verwendet wird, das DWH aber das Format y (01.12.2005) benötigt, muss dieses umgeformt werden. Beinhalten die Felder für die Kennzahlen »Umsatz«, »Menge«, »Preis« auch tatsächlich numerische Werte mit der korrekten Einheit (€).

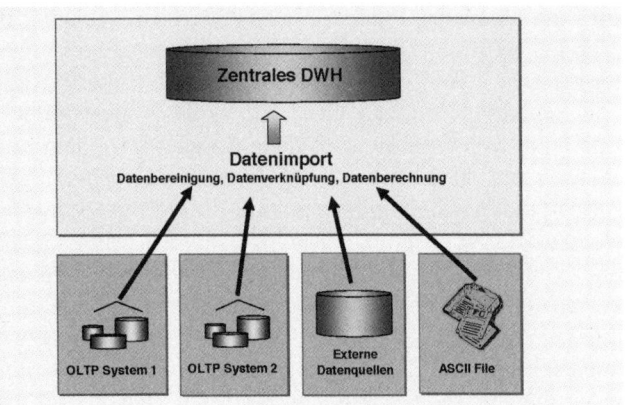

Abbildung 6.14: Das DWH ermöglicht die beliebige Kombination verschiedener Daten. Die Abstimmung, Verknüpfung, Bereinigung der Daten passiert im Data Cleansing Prozess

Im Data Cleansing Prozess können die Daten gleichzeitig validiert werden (Filterung). Zum Beispiel wird dabei geprüft, ob das Datenfeld für die Postleitzahl auch tatsächlich eine 5-stellige Zahl beinhaltet, wenn es sich um eine Adresse aus Deutschland handelt. Es kann überprüft werden, ob der Kunde mit der Kundennummer xyz tatsächlich existiert und ähnliches mehr. Die meisten DWH Anbieter haben in ihrer Software bereits Funktionen für den Data Cleansing Prozess beinhaltet.

ETL – Extraktion, Transformation und Laden der Daten
Falls die Software des DWH Anbieters das Data Cleansing nicht unterstützt, kann dies auch von einer so genannten ETL-Software übernommen werden (siehe Abb. 6.15). ETL-Tools sind für die Extraktion, die Transformation und für das Laden der Daten aus den Vorsystemen bestimmt. **Die Handhabung mit den Schnittstellen, also die Verknüpfung der Vorsysteme mit dem BI-System, ist ein oftmals in BI-Projekten unterschätztes Problem.**

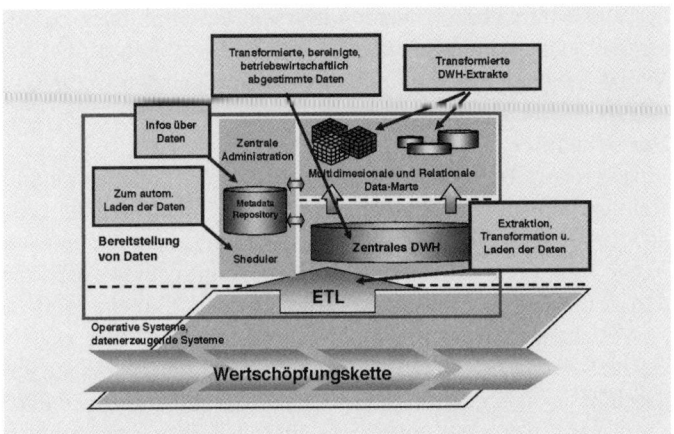

Abbildung 6.15: Bestandteile des Data Warehouse (DWH)

Es ist anzustreben, dass die Daten aus den Vorsystemen mit **möglichst wenig bis gar keinem manuellen Aufwand** in das DWH gelangen. Manuelle Schritte beim Data Cleansing bzw. Datenladeprozess sind sehr **aufwendig** und desweiteren **potenzielle Fehlerquellen**. Sehr oft scheitern DWH-Projekte an der Schnittstellenproblematik.

Mit einem ETL-Tool kann eine voll automatische Schnittstelle zu beliebigen Vorsystemen erzeugt werden. Natürlich kommt man nicht umhin dies erst einmal einzurichten. Es muss genau definiert werden in welcher Datenbank, in welchem Vorsystem, welche Daten abzugreifen sind. Dies passiert mit so genannten Extraktoren. Manche ETL-Tool Anbieter haben bereits vorgefertigte Extraktoren für bestimmte ERP-Software. Sind diese noch nicht vorhanden werden per Mouse mit Drag and Drop Daten aus der Datenbank in den Vorsystemen mit den entsprechenden Kennzahlen (z.B. Umsatz) und in Abhängigkeit der Ausprägungen in den Dimensionen (also in Abhängigkeit von Region, Kunde, Datum und Produkt) zugeordnet. Dieser Zuordnungsprozess fällt einmalig für alle Daten, die aus dem Vorsystem in das DWH transportiert werden müssen, an. Sind diese Zuordnungen erst mal abgeschlossen, können die Daten Monat für Monat (oder Tag für Tag) voll automatisiert geladen werden.

Der Scheduler

Im so genannten **Scheduler** wird festgelegt, in welchen Zeitabständen (täglich, wöchentlich, monatlich) und zu welcher Uhrzeit bestimmte Daten vom Vorsystem hoch geladen werden (siehe Abb. 6.15). Manchmal ist es auch sinnvoll den Start für den Ladevorgang nicht zu einer bestimmten Uhrzeit, sondern in Abhängigkeit eines bestimmten Ereignisses starten zu lassen. Z.B. wenn im Vorsystem erst bestimmte Berechnungen abgeschlossen sein müssen bevor der Ladevorgang beginnen darf. Dann kann das Vorsystem nach Abschluss der Berechnungen dem Scheduler im ETL-Tool oder im DWH selbst das Zeichen geben: »Jetzt kann der Ladevorgang beginnen«.

Der Lade- und Cleansingvorgang auf zwei Schritte aufgeteilt

Die gesamten Vorgänge des Data Cleansing werden zumeist beim Transport der Daten vom Vorsystem in das DWH durchgeführt. Sind die Validierungs- und Umformungsprozesse jedoch sehr komplex, beanspruchen also in Folge viel Zeit, würde dies den Ladeprozess stark verlangsamen. Da während eines Ladevorgangs das Vorsystem (ERP, z.B. SAP R/3) zum Teil stark belastet wird (Prozessorleistung wird in Anspruch genommen) und man das täglich laufende operative Geschäft nicht behindern will oder darf, hat man oft nur kleine Zeitfenster für den Ladevorgang – zumeist die Nacht. Um während eines kleinen Zeitfensters alle erforderlichen Daten aus dem Vorsystem laden zu können, ist also auf eine gute Performance des Ladevorgangs zu achten. Der Ladevorgang soll kurz sein. Dies kann bei komplexen Validierungs- und Umformungsprozessen erreicht werden, indem die Daten in einem ersten Schritt eins zu eins vom Vorsystem in das DWH geladen werden – sozusagen zwischengespeichert in speziell dafür vorgesehenen Datenbanken im Zentralen DWH. Das Zentrale DWH darf man sich nicht als eine einzige große Datenbank vorstellen, sondern dieses besteht aus vielen einzelnen Datenbanken bzw. Tabellen auch Data Marts genannt.

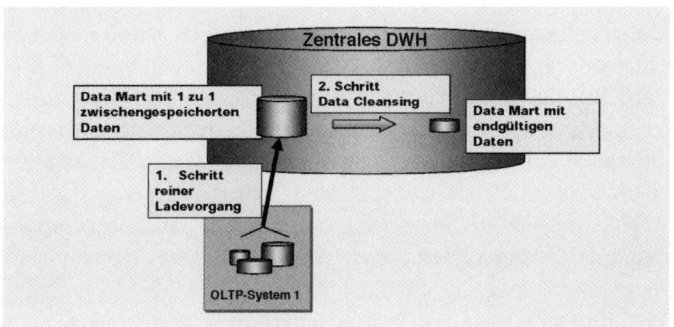

Abb. 6.16: Der Lade- und Cleansingvorgang auf zwei Schritte aufgeteilt

Erst in einem zweiten Schritt werden die Daten dann in jene Form gebracht die im DWH erforderlich ist, jetzt aber ohne Belastung des Vorsystems (siehe Abb. 6.16).

Die zwischengespeicherten Daten lässt man aus Sicherheitsgründen so lange gespeichert bis der gesamte Cleansingprozess abgeschlossen ist und die endgültigen Daten auf Korrektheit überprüft sind. Beim Cleansingprozess treten immer wieder Fehler auf. Zumeist sind die Daten aus den Vorsystemen falsch. Dort wo z.B. eine Zahl stehen soll (z.B. bei der Kennzahl Umsatz) steht keine Zahl sondern ein Text (Umsatz = ´Null´ anstelle von ´0´). Bei vielen Systemen kann man einstellen, dass innerhalb einer gewissen Fehlertoleranz (z.B. 0,5 % der Datensätze dürfen Fehler beinhalten) der Vorgang weiterläuft – der Administrator des DWH wird später auf die Fehler hingewiesen um diese dann in der Regel manuell zu korrigieren. Wird die Toleranzgrenze überschritten, bricht der Cleansing-Prozess ab. Der Fehler muss zuvor gefunden und behoben werden, dann der Vorgang neu gestartet werden.

Verdichtung der Daten im DWH

Liegen die Daten in bereinigter und konsistenter Form vor, werden sie im Anschluss daran verdichtet. D.h. die Daten werden aufsummiert (aggregiert), denn der Detaillierungsgrad der Daten im Vorsystem ist zumeist viel höher als er tatsächlich für Managemententscheidungen im DWH benötigt wird.

Berechnung weiterer Kennzahlen

In einem weiteren Schritt können die aus dem Vorsystem geladenen Kennzahlen noch durch zusätzliche Kennzahlen angereichert werden. Hierzu gehören z. B. Kenngrößen wie Plan/Ist-Abweichung oder Deckungsbeitrag, die sich aus den vorhandenen Daten berechnen lassen.

Metadaten

Metadaten sind Daten über Daten. Daten, die Eigenschaften von Datensätzen beschreiben und den inhaltlichen Kontext herstellen. D.h. Metadaten beschreiben Herkunft, Historie und weitere Aspekte der Daten. Zur Veranschaulichung der Bedeutung dieser Begriffe betrachten wir den Datensatz von vorher.

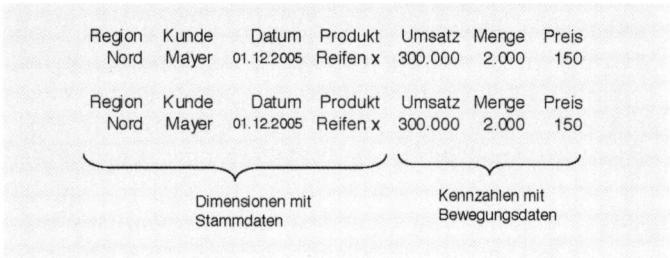

Abbildung 6.17: Datensatz

Kennzahlen

Kennzahlen beinhalten quantifizierbare Werte wie z.B. Umsatz, Menge und Preis. Die quantifizierbaren Werte kommen als Bewegungsdaten aus den Vorsystemen.

Dimensionen

Dimensionen werden benötigt, um Kennzahlen nach unterschiedlichen Gesichtspunkten untergliedern und darstellen zu können. Wir können im obigen Datensatz die Kennzahlen Umsatz, Menge und Preis in Abhängigkeit von den verschiedenen Dimensionen 1. Regionen (z.B. Nord, Mitte, Süd), von 2. den Kunden und 3. den Produkten in 4. gewissen Monaten (oder sogar an bestimmten Tagen) darstellen. Dieser Datensatz besitzt also 4 Dimensionen.

Die Metadaten der Kennzahl Umsatz können z.B. lauten:

- Umsatz ist eine Kennzahl
- Ein numerischer Wert mit maximal 10 Vorkommastellen und 2 Nachkommastellen
- Die Währung ist immer €
- Die Kennzahl wird verwendet in folgenden Tabellen bzw. Würfeln : …
- Wird monatlich aus der Tabelle xyz vom Vorsystem ERP1 geladen
- Kennzahl wurde angelegt von »Kottbauer« am 23.03.20xy um 11.23 Uhr

Die Metadaten der Dimension Kunde können z.B. lauten:

- Kunde ist eine Dimension
- Die verschiedenen Ausprägungen des Kunden sind ganzzahlige numerische Werte mit 6 Stellen
- Den numerischen Werten sind Attribute zugeordnet: Familienname, Vorname, Titel, Familienstand, Geburtsdatum, Wohnort, Postleitzahl, Straße, Hausnummer, Kunde seit wann
- Umlaute sind erlaubt bei den Attributen

Das Metadaten Repository

Die gesamten Metadaten sind im **Metadaten Repository** abgespeichert (siehe Abb. 6.15). Das Repository beinhaltet die Information über die verwendeten Datenmodelle, Datenflüsse, Analysemodelle etc. Es bietet einen zentralen Einstiegspunkt für die Ansicht und Pflege aller Metadaten.

Stammdaten

Die Stammdaten beinhalten die möglichen Ausprägungen der verschiedenen Dimensionen. Z.B. sind die Inhalte der Zellen A, B, C und D in den Zeilen 3 bis 5 in folgender Abb. 6.18 Stammdaten zur jeweiligen Dimension bzw. Attribut der Dimension.

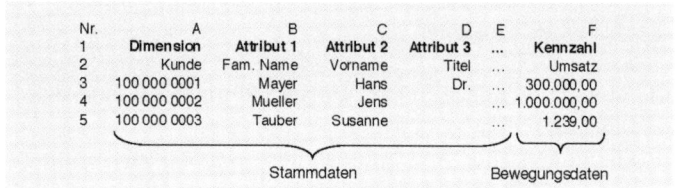

Abbildung 6.18: Tabelle mit einer Dimension (Kunde), den zugehörigen Attributen (1-3) und Stammdaten sowie der Kennzahl Umsatz

Manche DWH-Anbieter ermöglichen eine zentrale Stammdatenhaltung. Das bietet den Vorteil, dass egal in welchen und wie vielen Data Marts z.B. die Dimension Kunde verwendet wird, immer vom gleichen Stand der Stammdaten ausgegangen werden kann. Ist eine zentrale Stammdatenhaltung nicht möglich, muss vom Administrator des DWH bei jedem Datenupload manuell in allen verwendeten Data Marts der Stammdatensatz aktualisiert werden. Bitte Vorsicht, dies kann sich schnell zu einem unüberwindbar großen Aufwand entwickeln und scheitern des Projekts führen.

Bewegungsdaten

Wenn man von Daten spricht, denkt man zuerst an die Bewegungsdaten, nämlich die tatsächlichen Zahlen. Nur den Kennzahlen können Bewegungsdaten zugeordnet werden (siehe Abb. 6.18). Diese Zahlen haben aber nur eine Aussagekraft, wenn zusätzlich genau definiert ist, welchen Ausprägungen der verschiedenen Dimensionen diese eine bestimmte Zahl zugeordnet ist. Herr Mayer hat in der Region Nord, für welches Produkt, an welchem Tag, welchen Umsatz gemacht?

3. Analyse- und Entscheidungsunterstützende Systeme

Aufgesetzt auf die Daten bereitstellende Ebene des BI-Systems befinden sich **die Instrumente zur Generierung des Wissens aus den Daten bzw. den Informationen** (siehe Abb. 6.19).

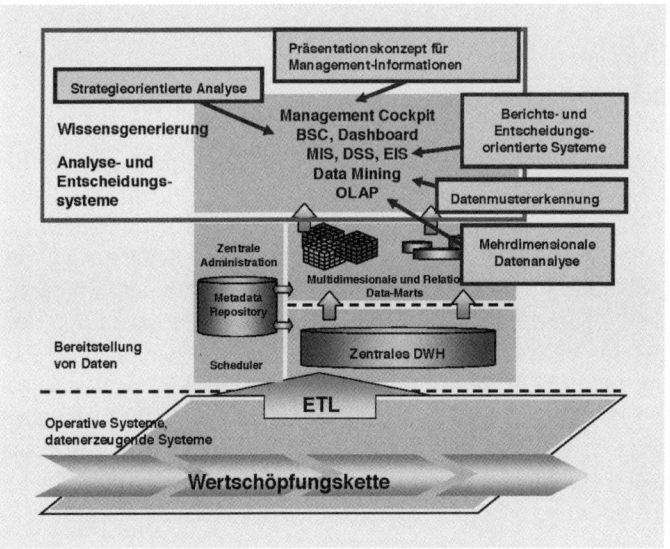

Abbildung 6.19: Die Instrumente zur Wissensgenerierung –
die Analyse- und Entscheidungsunterstützenden Systeme.

Die Werkzeuge dieser Ebene des BI-Systems dienen vor allem der aussagekräftigen Darstellung und der Analyse, sodass die optimalen Grundlagen für Entscheidungen gegeben sind.

MIS, DSS, EIS

Ein Management Informationssystem (MIS) stellt dem Entscheider die benötigten Informationen zum richtigen Zeitpunkt in der gewünschten Form online zur Verfügung. Das Decision Support System (DSS) und auch das Executive Information System (EIS) sind prinzipiell das gleiche. Beim DSS liegt der Schwerpunkt bei der Unterstützung der Entscheidungsfindung. Das EIS ist von der Darstellung und Bedienung noch mehr auf die Executives (oberes Management) ausgerichtet, also einfache Bedienung und schneller Überblick stehen im Vordergrund. Mehr dazu siehe das Unterkapitel »BI als Oberbegriff für DWH, MIS, DSS, EIS, BSC, ...« in diesem Kapitel 6.

Balanced Scorecard

Für einen Manager, der sich informieren möchte wie seine strategischen Projekte laufen, kann die BSC der Einstieg in das BI-System sein. In der Übersicht wird z.B. mit Ampeln signalisiert welche Maßnahmen korrekt abgearbeitet werden und zum gewünschten Ergebnis führen, also im grünen Bereich sind. Die gelben bzw. roten Ampeln zeigen an, welche in der BSC dargestellte Kennzahlen nicht ihre Zielhöhe erreicht haben. Ein vernetztes BI-System erlaubt dann aus der BSC heraus einen Absprung in Berichte mit Detailinformationen. Vielleicht wird sogar ein Absprung in das Vorsystem ermöglicht, falls tatsächlich erforderlich. Der Informationen suchende Manager soll rasch einen Überblick bekommen und auch rasch auf zusätzliche Informationen zugreifen können. Dies möglichst auch über einen üblichen WEB-Browser von irgendwo, wo es einen Internetzugriff gibt. Mehr zur BSC siehe das Unterkapitel »Balanced Scorecard« in »BI unterstützt die Unternehmenssteuerung« in diesem Kapitel 6.

Management Cockpit™

Nach (Meier, M., Sinzig, W., Mertens, P. (2002)) ist ein Management Cockpit™ ein in besonderem Maße auf die Bedarfe des oberen Managements ausgerichtetes Präsentationskonzept für Management-Informationen. Im Vordergrund stehen eine sehr einfache und intuitive Bedienung sowie eine spezielle Anordnung und Visualisierung der Fakten, die es ermöglichen, Zusammenhänge schnell zu erfassen (siehe Abb. 6.20).

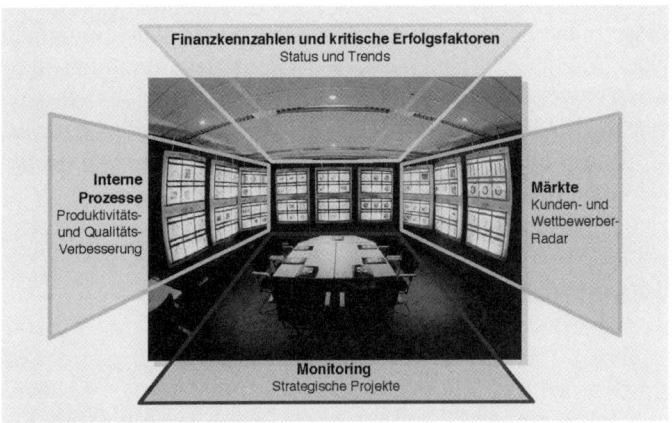

Abbildung 6.20: Das Management Cockpit™ mit den vier Wänden ausgerichtet nach den Finanzkennzahlen, Märkten, Interne Prozesse und Strategische Projekte.

Die Grafiken ähneln den Darstellungen von Instrumenten in Flugzeugcockpits und sollen es Managern ermöglichen, die Lage des Unternehmens und Schwachstellen »auf einen Blick« zu erkennen. Die Grundlagen des Konzepts gehen u. a. zurück auf Experimente zur menschlichen Aufnahmefähigkeit durch den Gehirnforscher Prof. Patrick M. Georges. Das Management Cockpit wurde von Georges gemeinsam mit dem NET Research Institute in Brüssel/Belgien entwickelt. Ziel des Cockpits ist es, die Kommunikation des Führungsteams auf das Wesentliche zu fokussieren und zu beschleunigen. Erreichen will man das durch die Gliederung der Informationen in der Form wie sie am schnellsten vom Gehirn aufgenommen und verarbeitet werden können. Die vier Wände des Cockpits sind untergliedert nach den »wesentlichen Sichten«. In der Abb. 6.21 sind diese Sichtweisen ähnliche wie bei der BSC: Finanzen, Kunden bzw. Märkte, Interne Prozesse und als vierte Sicht sind die strategischen Projekte dargestellt. Jede Wand hat zur besseren Orientierung eine definierte Farbe: Finanzen = schwarz, Märkte = rot, Prozesse = blau und die strategischen Projekte = weiß. Innerhalb jeder Wand sind die Informationspakete wiederum unterteilt in 6-er Pakete. Den Forschungsergebnissen zufolge sind 6 bzw. eigentlich 7 Informationspakete vom Menschen optimal zu verarbeiten. Jede 1/6 – Wand ist wiederum in 6 Informationspakete unterteilt (siehe Abb. 6.21).

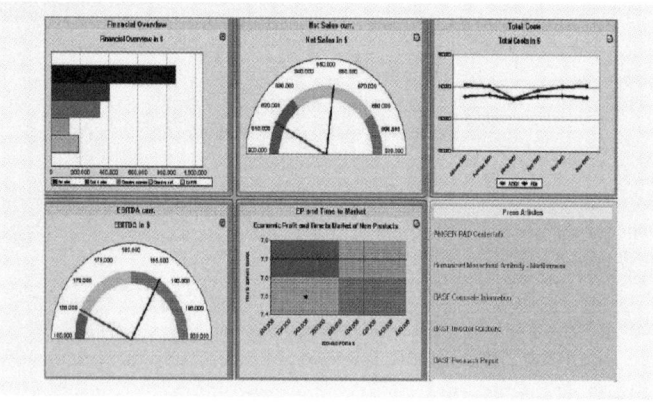

Abbildung 6.21: Auf jeder Wand sind 6 solcher Themen bezogener Informationspakete mit jeweils 6 Feldern dargestellt, die Diagramme, Portfolios, Tachometergrafiken oder auch Textfelder beinhalten können (Quelle: SAP).

Data Mining

Unter Data Mining versteht man das automatische Aufzeigen von bis dahin unbekannten und wichtigen Auffälligkeiten innerhalb eines großen Datenbestandes, die zu ansonsten nicht erkennbaren wirtschaftlichen Vorteilen verhelfen. Man spricht in diesem Zusammenhang auch von Knowledge Discovery.

Bei der Unmenge an Daten, die laufend in den Unternehmen erzeugt werden, sind manche wirklich wichtige Informationen oft durch manuelle Analysen nicht mehr zu entdecken. Ohne bereits im Voraus eine genaue Vorstellung vom Untersuchungsergebnis zu haben, benötigt der Anwender eine Vielzahl von Annahmen, die dann mit Datenbankabfragen auf ihre Richtigkeit geprüft werden müssten. Es besteht durchaus die Gefahr, dass manche wichtige Zusammenhänge dabei einfach übersehen werden. Data Mining Werkzeuge suchen selbständig nach solchen Zusammenhängen und nach Mustern.

Ein bekanntes Beispiel das zur Erklärung von Data Mining oft genannt wird ist folgendes: In einem Kaufhaus wird das Kaufverhalten der Kunden untersucht. Mit Hilfe von Data Mining konnte herausgefunden werden, dass Freitag nachmittags signifikant auffällig verstärkt Bier in Kombination mit Babywindeln gekauft wird. Man kann sich das vielleicht so erklären, dass Freitag nachmittags scheinbar auch Jungväter Zeit haben Windeln einzukaufen und dabei eben gleichzeitig Bier mit einkaufen. Das Warenhaus hat daraufhin gleich neben dem Regal mit den Babywindeln Bier platziert. Der Absatz konnte dadurch gesteigert werden.

Online Analytical Processing (OLAP)

Statische Berichte ermöglichen dem Betrachter keine weitergehenden Analysen, die zur Entscheidungsfindung aber oftmals notwendig sind. Nehmen wir mal an, der Geschäftsführer eines Unternehmens bekommt die Plandaten einer Sparte für das kommende Jahr X in Form einer Deckungsbeitragsrechnung in Abhängigkeit von den Produkten, wie in Abb. 6.22 dargestellt, präsentiert.

Sparte 2
Plan Deckungsbeitragsrechnung nach Regionen
in tsd. Euro für das Jahr X

	Nord	Mitte	Süd	Sparte 2
Absatz in Stk	481	801	320	1.602
Umsatz	5.962	9.874	2.795	18.630
Proko Absatz	2.895	4.826	1.930	9.651
DB I	3.066	5.048	864	8.979
Promotion**	450	750	1.400	2.600
DB II Region	2.616	4.298	-536	6.379
Spartenkosten*				2.900
DB III				3.479

** mit Anlaufkosten   * ohne Anlaufkosten

*Abbildung 6.22: **Bericht 1** – Deckungsbeitragsrechnung der Sparte 2 in Abhängigkeit von den Produkten*

Der zuständige Vertriebsleiter erzählt, dass ein guter Teil des Planumsatzes auf dem neuen Markt »Süd« mit etwas gesenkten Preisen erwirtschaftet werden soll. Den Geschäftsführer würde vermutlich interessieren, wie sich die Umsätze auf die Regionen »Süd« und den bereits bestehenden Regionen »Mitte« und »Nord« verteilen. Weiters könnte von Interesse sein, wieviel der DBII in der Region »Süd« unter Berücksichtigung der Markterschließungskosten ausmacht. Jetzt wäre es wünschenswert, die Sichtweise des bisher statischen Berichts spontan (ad hoc) so zu wechseln, dass die Fragen beantwortet werden können.

OLAP ermöglicht diese Sichtweisen (in OLAP-Sprache nennt man die Sichtweisen »Dimensionen«) flexibel nach Anforderung zu ändern. Mit wenigen Mouse-clicks kann online die neue Sicht dargestellt werden. Als Aufriss entlang der x-Achse wird anstelle der Dimension Produkt die Dimension Region gewählt. Weiters möchte der Geschäftsführer den DBII je Region inklusive der Markterschließungskosten sehen, das heißt die Struktur der DB-Rechnung verändert sich. Mit wenigen weiteren Mouse-clicks können zu den Promotionkosten die Anlaufkosten für die Markterschließung hinzugefügt und der neue Bericht angezeigt werden (siehe Abb. 6.23).

Sparte 2
Plan Deckungsbeitragsrechnung nach Produkten
in tsd. Euro für das Jahr X

	A	B	C	Sparte 2
Absatz in Stk	900	600	102	1.000
Umsatz	5.985	6.270	6.375	18.630
Proko Absatz	3.510	3.540	2.601	9.651
DB I	2.475	2.730	3.774	8.979
Promotion	800	600	700	2.100
DB II Produkt	1.675	2.130	3.074	6.879
Spartenkosten				3.400
DB III				3.479

*Abbildung 6.23: **Bericht 2** – Deckungsbeitragsrechnung der Sparte 2 in Abhängigkeit von den Regionen*

So wurde Ad hoc ein neuer Bericht erstellt, den man jetzt eventuell auch als neuen Standardbericht definieren könnte. Dem Bericht kann man jetzt entnehmen, dass in der neuen Region Süd für das nächste Jahr ein negativer Deckungsbeitrag II Region zu erwarten ist. Die nächste logische Frage wäre jetzt, wie sich die Region in den Jahren danach entwickeln wird. Falls die folgenden Jahre schon geplant wurden, können diese wiederum mit einem weiteren Mouse-click zur Anzeige gebracht werden.

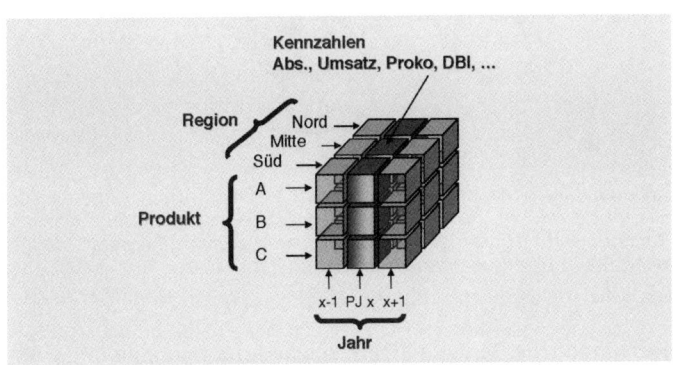

Abbildung 6.24: Im Bericht 1 in Abb. 6.22 ist der markierte Ausschnitt des Würfels über alle Regionen aufsummiert dargestellt, im Bericht 2 in Abb. 6.23 wird dieselbe Datenscheibe (slice) dargestellt, jedoch aufsummiert über die Produkte und differenziert dargestellt über die Regionen.

Zugrunde liegt dieser von Codd (vgl. Codd, E.F. (1993)) in den 90er Jahren geprägten Technologie eine spezielle Art der **Datenhaltung mit mehrdimensionaler Datenmodellierung**. Symbolhaft kann eine solche mehrdimensionale Datenhaltung mit einem Würfel dargestellt werden (siehe Abb. 6.24). Bei dieser Darstellung auf Papier ist man auf drei Dimensionen beschränkt, dies gilt nicht für die OLAP-Technologie. Zehn bis fünfzehn Dimensionen in einem Daten-Würfel stellen für die meisten am Markt üblichen OLAP-Programme kein Problem dar. Die Anzahl der möglichen Dimensionen hängt allerdings auch von der Anzahl der Ausprägungen pro Dimension ab (also wie viele verschiedene Regionen, Produkte usw. existieren?).

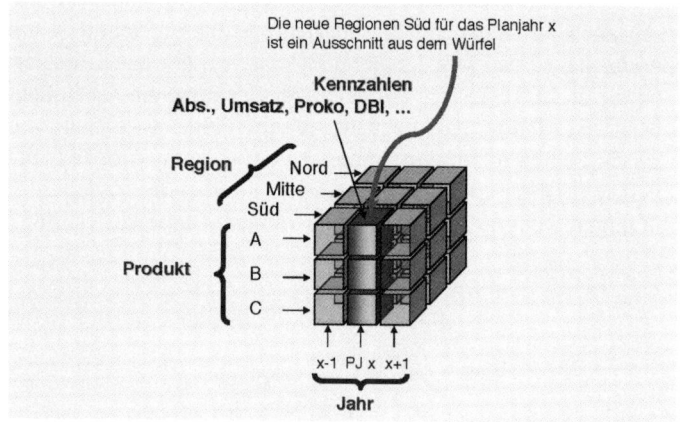

Abbildung 6.25: Der markierte Ausschnitt des Würfels entspricht der Spalte Süd im Bericht 2 in Tab. 6.3. Innerhalb der Datenscheibe (Slice) X über alle Regionen und Produkte (siehe Abb. 6.20) wird gedreht (dice) bzw. »hinabgetaucht« in Details der Dimension Region Süd.

Herkömmliche Berichte liefern solche Informationen in der Regel nicht in der gewünschten Schnelligkeit und vor allem auch nicht mit diesem geringen Aufwand. Die OLAP-Technik wurde speziell entwickelt um der Denkweise eines typischen Benutzers entsprechen zu können.

E.F. Codd hat 1993 zwölf Anforderungen für OLAP-Systeme aufgestellt, die eine gewisse Standardisierung der mehrdimensionalen Datenmodellierung angestrebt und auch erreicht hat (vgl. Oehler, K. (2000), S. 29-31). Meier et al (Meier, M., Sinzig, W., Mertens, P. (2002)) haben diese 12 Regeln folgend zusammengefasst:

1. **Mehrdimensionale konzeptionelle Sichtweisen:** Die Denkweise eines Analytikers ist stark geprägt von Auswertungsdimensionen wie beispielsweise Zeit, Produkte, Regionen, Kunden etc.. Die Abfrageformulierung muss diese Mehrdimensionalität direkt widerspiegeln.

2. **Intuitive Datenbearbeitung:** Das Aufbrechen von Verdichtungen (Aggregationen) durch einen Drill-Down sowie der Austausch von Spalten- und Zeilendimensionen (Pivotieren) soll intuitiv, beispielsweise durch Ziehen mit der Maus (Drag & Drop) ausführbar sein.

3. **Zugriffsmöglichkeit:** Die Daten können ursprünglich aus unterschiedlichen Quellen, beispielsweise relationalen oder Datei basierten Systemen, stammen. Sie werden in einem eigenen konzeptionellen Schema der OLAP-Datenbank verwaltet.

4. **Batch- und Online-Durchgriff:** Die Datenübernahme per Stapel-Prozess soll ebenso möglich sein wie der direkte Zugriff auf die hier zu Grunde liegenden Basisdaten im Vorsystem (Drill-Through).

5. **Angebot verschiedener Analysemodelle:** Codd fordert, dass folgende Analysemodelle berücksichtigt werden:
   - Das **kategorische Modell,** welches den Vergleich von Vergangenheitsdaten beschreibt, die unmittelbar aus der Datenbank stammen.
   - Das **exegetische Modell,** das den Navigationspfad eines Benutzers berücksichtigt. Bei der Exegese handelt

es sich um die Wissenschaft von der Erklärung bzw. Auslegung von Texten.

- Das **kontemplative Modell** (kontemplativ bedeutet sinngemäß »beschauliches Nachdenken«) integriert die Option, die Strukturen zu verändern. Daher müssen zusätzlich zur Dateneingabe auch die Beziehungen zwischen den Elementen gestaltet werden können.
- **Das formelbasierte Modell** erweitert die bisher genannten Varianten um Optimierungsrechnungen im Sinn des Operations Research.

6. **Client-Server-Architektur:** Da OLAP-Systeme im Regelfall größere Datenmengen verwalten, ist eine Nutzung verteilter Ressourcen sinnvoll.

7. **Transparenz:** Für den Benutzer darf es keine Rolle spielen, ob die OLAP-Funktionen Bestandteil der Benutzungsoberfläche sind, d. h. entfernte Server-Applikationen sollten sich ebenso verhalten wie eine lokale Anwendung.

8. **Multi-User-Unterstützung:** Im Gegensatz zu früheren Systemen, die eher auf einzelne Benutzer ausgelegt waren, besteht das Ziel nun darin, möglichst viele Anwender zu bedienen.

9. **Denormalisierte Daten:** Integritätsprobleme, die bei Änderungen denormalisierter Daten auftreten können sind zu vermeiden.

10. **Getrennte Speicherung von OLAP- und Basis-Daten:** Um schnellere Antwortzeiten zu erreichen und flexible Simulationen verschiedener Szenarios zu ermöglichen, sind die OLAP-Daten strikt von den Basis-Daten aus operativen Systemen zu trennen.

11. **Unterscheidung zwischen fehlenden und Null-Werten:** Diese Differenzierung ist wichtig, um erkennen zu können, ob im gelieferten Datensatz diese Daten fehlten oder ob diese tatsächlich den Wert Null besitzen.

12. **Behandlung von fehlenden Werten:** Bei statistischen Berechnungen gilt es, fehlende Werte angemessen zu

berücksichtigen. Sofern beispielsweise von zehn Geschäfts-
einheiten drei noch keine Absatzdaten übermittelt haben,
ist der durchschnittliche Absatz auf der Basis von zehn
Organisationseinheiten nicht aussagekräftig.

Zur Erklärung typischer Begriffe aus der OLAP-Welt:

– **Drill-Down:** Erhöhung des Detailierungsgrades einer
  Dimension durch Übergang zu einer niedrigeren Aggregationsstufe (Summe über alle Regionen Nord, Mitte, Süd)

– **Roll-Up:** Senkung des Detailierungsgrades einer Dimension
  durch Übergang zu einer höheren Aggregationsstufe (Produkte A, B, C werden zur Summe über alle Produkte)

– **Pivot:** Drehen des Datenwürfels durch Vertauschung (der
  Reihenfolge) von Dimensionen (Aufriss nach der Dimension Produkt in Bericht 1 in Abb. 6.22 wird vertauscht mit
  der Dimension Region in Bericht 2 in Abb. 6.23)

– **Slice:** Projektion auf einen Unterraum des betrachteten
  Datenwürfels durch Weglassen einer Dimension (siehe Abb.
  6.24). Dies entspricht einem Schnitt durch den Würfel.

– **Dice:** Projektion auf einen Unterraum des betrachteten
  Datenwürfels durch Weglassen von Ausprägungen einer
  Dimension (Abb. 6.25). Durch drehen eines Schnittes.

– **Drill through:** Das Abspringen von einem Bericht im
  OLAP-System auf Detaildaten in dem zugrunde liegenden
  Vorsystem (z.B. der Absprung in einen Bericht oder Einzel-
  belege im ERP).

Je nach Datenbankart und Speicherart unterscheidet man
M-OLAP, R-OLAP und Hybrid-OLAP:

– **Relational OLAP (ROLAP):** Ablage von multi-dimensio-
  nalen Daten in einer relationalen Datenbank, d.h. in Tabellen, die in einem Sternschema organisiert sind.

– **Multidimensional OLAP (MOLAP):** Verwendung einer
  (meist proprietären) multidimensionalen Datenbank.

- **Hybrid OLAP (HOLAP):** Verwendung einer relationalen Datenbank zur Speicherung historischer Detaildaten und einer multidimensionalen Datenbank zur Speicherung aggregierter Daten.

Als Oberfläche benützen viele OLAP-Anbieter Excel bzw. Excel-ähnliche Darstellungen. Der Wiedererkennungswert bei den Controllern ist hier ausschlaggebend. Mit einem Excel-add-in werden dann die zusätzlichen Funktionalitäten zur Verfügung gestellt. Der Trend geht in Richtung WEB-Technologie, sodass der Endanwender keine spezielle Software am PC installiert haben muss, um auf die Informationen des Data Warehouses bzw. des BI-Systems zugreifen zu können. Ein handelsüblicher WEB-Browser reicht aus. Hat man einen Internetanschluss, ist der Zugriff von überall auf der Welt auf das firmeneigene BI-System möglich. Dies ist auch bereits mit Geräten wie einem Personal Digital Assistant (PDA) oder einem Mobiltelefon mit WAP-Anschluss möglich. Es stellt sich allerdings die Frage, ob das tatsächlich nutzbringend ist. Egal über welches Endgerät auf das BI-System zugegriffen wird, die intuitive Anwendung steht jeweils im Vordergrund, sowohl für Berichtsempfänger als auch für Berichtersteller.

Die OLAP Datenbanken sind weitere Data Marts, also redundant gehaltene Ausschnitte des Zentralen DWH. Manche OLAP-Anbieter bezeichnen die OLAP-Systeme selbst bereits als Data Warehouse, was aber nicht korrekt ist. Wie in Abb. 6.17 dargestellt, bauen die OLAP Datenbanken auf das Zentrale DWH auf. Es gibt DWH-Anbieter die in einem Gesamtsystem das Zentrale DWH in Kombination mit OLAP anbieten. Das hat den Vorteil, dass keine Schnittstellenproblematik existiert und die gesamten Meta- und Stammdaten nur einmal zentral gehalten und gepflegt werden müssen. Gerade die zentrale Pflege der Stammdaten ist von großer Bedeutung, denn diese verändern sich laufend (mit jedem Upload von Bewegungsdaten aus dem Vorsystem). Müsste man diese Stammdaten für jedes Data Mart, für jeden OLAP-Würfel extra laden, würde dies einen zeitaufwendigen, Speicherplatz vernichtenden und vor allem unübersichtlichen und somit fehleranfälligen Aufwand bedeuten.

4. Planungswerkzeuge

Die Darstellung von IST-Daten und das Erzeugen von PLAN-Daten ist schwer voneinander zu trennen. In jedem Soll-Ist-Vergleich werden Ist- den Plan- (bzw- Soll-) Daten gegenübergestellt. Aus dem Soll-Ist-Vergleichs-Gespräch gehen neue Erwartungswerte (Ziel-Ist-Vorschau, Forecast) hervor. Diese neuen Planwerte sollen mit den gleichzeitig zu definierenden Maßnahmen (siehe Kapitel 1 »Der gesprächsbegleitende PC-Einsatz« bzw. Kapitel 5 »Der PC im Berichtswesen des Controllers«) im System festgehalten werden können. Nicht nur die unterjährige Forecast-Ermittlung benötigt die Darstellung der Ist-Daten. Auch zur Erstellung eines Budgets für das nächste Jahr oder auch für die Mittelfristplanung sind die Ist-Daten das Ausgangsmaterial.

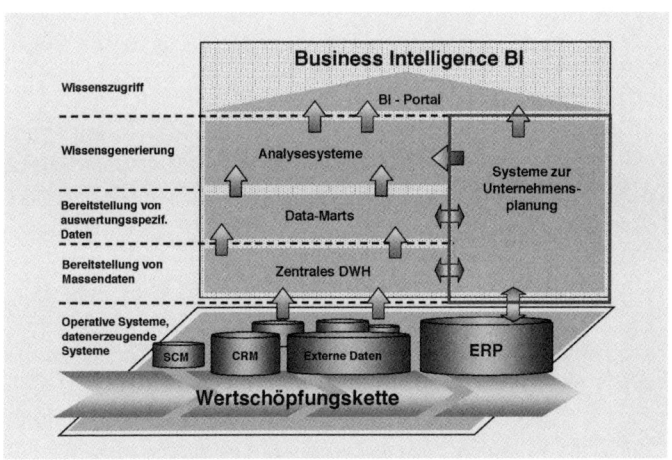

Abbildung 6.26: Planungswerkzeuge als Teil des BI-Systems

Die enge Verflechtung der Ist- mit den Plan-Daten legt nahe, dass die Systeme zur Darstellung der Ist-Daten und zur Erzeugung der Plandaten kombiniert in einem System zur Verfügung stehen. Die OLAP-Technologie bietet dafür geeignete Voraussetzungen. Daten-Würfel die zur Speicherung der Ist-Daten dienen, können 1:1 auch zur Speicherung von Plan-Daten verwendet werden.

Zur Erzeugung der Plandaten stehen in den Planungssystemen eine Reihe von Werkzeugen zur Verfügung. Dies betrifft z.B. die Kopiermöglichkeiten von Daten in eine neue Planungseinheit oder das Kopieren mit prozentualer Veränderung, die prozentuale Aufteilung eines z.B. zu erwartenden Gesamtumsatzes nach Kunden wie im Vorjahr oder einer saisonaler Verteilung wie im Vorjahr.

Planungswerkzeuge können Unternehmen auch in der Prozessabwicklung der Planung gut unterstützen.

Ein erstes Beispiel ist die automatische Integration von Teilplänen.

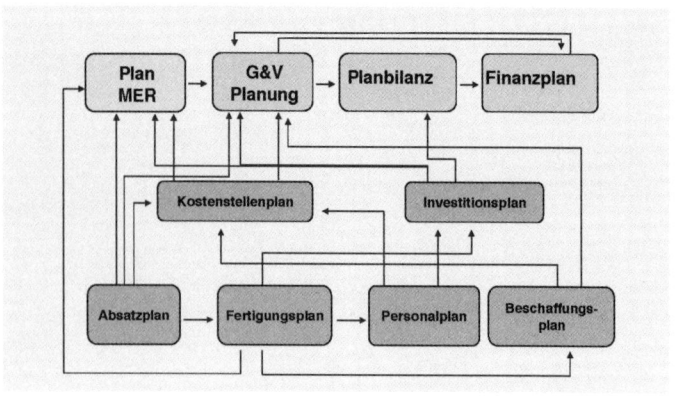

Abbildung 6.27: Teilpläne und deren Abhängigkeiten voneinander

Wie in Abb. 6.27 dargestellt, stehen die vielen Teilpläne eines Unternehmens in Abhängigkeit voneinander. Die Integration dieser Teilpläne ist oftmals eine sehr zeitraubende Tätigkeit. Vor allem bei Änderungen, und diese treten immer auf, ist das Nachziehen der Änderungen in allen abhängigen Teilplänen sehr aufwendig. Bildet man diese Abhängigkeiten in Excel ab, geht schnell die Übersichtlichkeit verloren, das Risiko eines Fehlers ist dabei sehr groß. Neue Varianten zu rechnen (best case, worst case) wird dadurch auf Knopfdruck möglich. Manche Planungstools haben auch die Möglichkeit, echte Simulationen zu bilden.

Ein zweites Beispiel für die Unterstützung beim Planungsprozess ist die schnellere und effizientere Eingabemöglichkeit von Planzahlen die den dezentralen Planern geboten wird. Viele Systeme unterstützen bereits die WEB-basierte Darstellung der Planungsmasken.

Hilfreich kann auch die Abbildung des Planungsprozesses im Planungstool selbst sein. Innerhalb der Prozessdarstellung kann einsehbar gemacht werden, von wem welche Planzahlen bis zu welchem Termin im System eingegeben werden müssen. Mit Ampeln kann dann dargestellt werden, wer mit der Planung im Verzug steht bzw. wer rechtzeitig seine Plandaten abgegeben hat.

5. BI-Portal

Ein gesamtes BI-System, wie in Abb. 6.26 dargestellt, besteht zumeist aus mehreren unterschiedlichen Werkzeugen, die eventuell von unterschiedlichen Anbietern kommen. Um den verschiedenen Endanwendern einen möglichst einfachen und gleichzeitig komfortablen Zugang zu den individuellen Informationen und Werkzeugen zu ermöglichen, sind BI-Portale geschaffen worden. Ein wesentliches Merkmal ist der Single-sign-on. D.h., egal aus wie vielen Einzelsystemen das gesamte BI-System besteht, der Endanwender braucht sich nur ein einziges Mal mit Benutzernamen und Passwort anmelden. Je nach

Benutzerprofil, das im System hinterlegt ist, öffnet sich nach dem Anmelden des Anwenders (»Users«) das auf diese Person zugeschnittene übersichtliche Einstiegsbild. Von diesem Einstiegsbild können dann alle für diese Person relevanten Reports oder Planungsmasken oder auch entsprechende Werkzeuge mit Mouse-click geöffnet werden. Das BI-Portal soll ein Wegweiser im immer größer werdenden Informationschaos sein.

Aus dem BI-Portal, das idealerweise mit einem WEB-Browser geöffnet wird, kann sowohl auf interne als auch auf externe Informationen zugegriffen werden. Zum Beispiel können im BI-Portal ein Newsletter der Pressestelle kombiniert mit einem Mail- und Zeitmanagementsystem integriert sein. Zusätzlich lassen sich auch etwa elektronische Marktplätze oder Nachrichten einer Presseagentur einbinden. Wie bereits erwähnt, übertragen neuere Entwicklungen Inhalte auch auf mobile Geräte z. B. Handy oder Personal Digital Assistant (PDA), wobei man den Nutzen hier im Einzelfall prüfen muss.

Literatur

Codd, E.F., Codd, S.B., Salley, C.T. (1993): Beyond Decision Support, in: Computerworld 30/1993

Competence Site (2003): Virtual Roundtable zum Thema Business Intelligence, URL: http://www.olap-competence-center.de/Suchbegriff »BPM und andere Trends«, download 06.10.2004

Deyhle, A., Hauser, M. (2007): Controller Praxis, Band I, Führung durch Ziele-Planung-Controlling, Offenburg und Wörthsee 2007

Hanning, U. (2002): Knowledge Management und Business Intelligence, Springer-Verlag, Berlin Heidelberg New York 2002

IGC – International Group of Controlling (2001): Controller Wörterbuch, Schäffer-Poeschel Verlag, Stuttgart 2001

Inmon, W.H. (1992): Building the Data Warehouse, New York 1992

Kaplan, R., Norton, D. (1996): Translating Strategy Into Action – The Balanced Scorecard, Harvard Business School Press, Boston, Massachusetts 1996

Kimball, R. (1996): The Data Warehouse Toolkit, New York 1996

Meier, M., Sinzig, W., Mertens, P. (2002): SAP Strategic Enterprise Management/Business Analytics – Integration von strategischer und operativer Unternehmensführung, Springer-Verlag, Berlin Heidelberg New York 2002

Naisbitt, J., Naisbitt, N., Philips, D. (2001): High Tech/High Touch: Technology and Our Search for Meaning, New York 2002

Oehler, K. (2000): OLAP, Grundlagen, Modellierung und betriebswirtschaftliche Lösungen, München Wien 2000

Abwicklung eines BI-Projekts

▬▬▬▬▬▬▬▬▬▬▬▬▬▬▬▬▬▬▬▬▬▬▬▬▬▬▬▬▬▬▬▬▬▬▬▬

Von der Idee bis zum operativen Betrieb von BI

Von der ersten Idee, eine BI-Software im Unternehmen zu verwenden, bis zum operativen Betrieb eines solchen Systems ist eine weite Strecke zurückzulegen und es sind so manche Fallen zu überwinden. Wichtig sind eine gute Planung sowie ein gutes Projektmanagement bei der Einführung eines solchen Systems.

Wie kommt es zu einem BI-Projekt?

Nicht selten habe ich erzählt bekommen, dass ein Vorstand oder auch ein anderer Entscheidungsträger von einem Kongress oder einer Werbeveranstaltung eines Softwareanbieters zurückkommt und dort »erfahren« hat:

– wie toll die BI-Software dieses bestimmten Herstellers sei,
– dass ein großer Bedarf in seinem Unternehmen für ein solches System existiert und
– wie einfach und schnell dieses BI-Systems implementiert werden könne.

Euphorisch kommt der Entscheidungsträger zurück ins Unternehmen und will eine Woche später das Projekt beginnen und am besten ein Monat später die neue Software auch schon nutzen.

Vorsicht! Bitte nichts überstürzen! Bevor der Schritt der Implementierung einer Software angegangen wird, sollte geklärt werden, ob tatsächlich ein Bedarf vorhanden ist. Manchmal ist in einem anderen Unternehmensbereich auch schon eine ähnliche Software im Einsatz, nur der Betroffene weiß nichts davon. Die nächste Frage die es zu klären gilt ist, welche Software für das Unternehmen die passende ist. Um darauf

Antworten zu finden, ist zuvor eine **Klärung der wichtigsten Anforderungen** erforderlich.

Nutzen von BI-Projekten

In der Computerwoche fokus 4/04 wurden aktuelle Technologien und ihr Nutzen für Anwender aus dem Mittelstand beleuchtet. Der potenzielle Nutzen von BI wurde sehr hoch eingeschätzt bei relativ niedrigem Aufwand. Der Nutzen von BI wurde sogar deutlich höher als der von ERP-Systemen eingestuft bei glz. niedrigeren Kosten. Der Autor Zilch schreibt in der Computerwoche (vgl. Zilch, I. (2004)):

BI ist von der Aufwand-Nutzen-Betrachtung her einer der Favoriten für den aktuellen IT-Einsatz bei mittelständischen Anwendern. Die Erfahrung zeigt, dass eine gute Kombination aus IT- und Business-Know-how zur Verfügung stehen soll. Die Mischung aus internen und externen Ressourcen ist ein Garant dafür, dass mit relativ geringem Aufwand sehr gute Ergebnisse erzielt werden können.

Eine empirische Studie von Prof. Dr. Seufert (Institut für Business Intelligence) und Dipl-Kfm. (FH) Roman Schäfer (Conunit) über Integrierte Unternehmensplanung (vgl. Seufert, A. (2004)) ergab, dass jene Unternehmen, die nur mit Excel planen (und das sind immerhin noch 60 % der Teilnehmer der Studie), allein für den Abstimmungsprozess knapp 30 % mehr Zeit benötigen als Unternehmen die Planungslösungen im Einsatz haben. Mehr als die Hälfte aller Teilnehmer der Studie schätzen eine Prozessverkürzung der Planung von bis zu 50 % als eine realistische Zielgröße an.

Neben der hier geschilderten Zeitersparnis bei der Planung, die an Aktualität bisher nichts eingebüßt hat, kann die Erstellung der monatlichen Standard Reports von vorher oft 10 bis 15 Tagen auf dann nur noch 1 bis 3 Tage verkürzt werden. Ad hoc Anfragen von Berichtsempfängern nach neuen zusätzlichen Analysen können mit BI-Werkzeugen tatsächlich auch ad hoc beantwortet werden und dies ohne die Inanspruchnahme von Programmierern. Diese stark verbesserten Analysemöglichkeiten bringen also einen zusätzlichen qualitativen Nutzen, schnellere und bessere Informationen, die einen Wettbewerbsvorteil bedeuten können. Weiters ermöglichen BI-Tools zumeist auch eine Verbesserung der Informationsaufbereitung durch einfache Erstellung von Grafiken oder Cockpits. Ein zusätzlicher qualitativer Nutzen ist die Verbesserung des Informationszugriffs über z.B. personalisierte Portale oder der WEB-Zugriff auf Berichte. WEB-Unterstützung kann auch bei der Planung für eine dezentralisierte Eingabe der Plandaten genutzt werden und somit eine Vereinfachung und Beschleunigung des Planungsprozesses bedeuten. Die unternehmensweit einheitlich definierten und zentral zugänglichen Standardberichte mit ebenso einheitlich definierten Begriffen und Kennzahlen verbessern sehr oft auch die Kommunikation bzw. Diskussion und somit die Entscheidungsfindung.

Ein weiters oft genannter Nutzen ist, dass durch die Einführung von BI eine Verbesserung des Ratings nach Basel II erreicht werden kann. Dieses verbesserte Rating-Ergebnis schlägt sich in einem besseren Fremdkapital-Zinssatz nieder – lässt sich also direkt monetär bewerten.

Die Aufzählung von monetären und qualitativen Verbesserungen ließe sich weiter fortsetzen. Der Nutzen von BI-Werkzeugen ist zumeist unumstritten, die Empfehlung wird demgemäß für die meisten Unternehmen lauten, entsprechende Projekte zu starten.

Die Akzeptanz der BI-Anwendung

»Der Faktor Mensch verursacht mehr Probleme in Business-Intelligence-Projekten als schlechte Daten und fehlerhafte Software zusammen.« so beschreibt BARC in einem Fachreport (vgl. BARC 2008) wie wichtig der richtige Umgang mit den beteiligten Menschen im Projekt ist. Für die spätere Akzeptanz der Anwendung ist es von großer Bedeutung, die zukünftigen Nutzer des Systems bereits in der ersten Phase in das Projekt mit einzubeziehen. Diese sollen vor allem definieren, was die Anforderungen des neu zu schaffenden Systems sind. Genauso wichtig wie die Sammlung der neuen Anforderungen ist es, dass das, was bereits besteht und gut funktioniert, ebenfalls in den Anforderungskatalog aufgenommen wird.

Zumeist ist ja bereits ein Planungs-, Berichts- und Analysesystem im Unternehmen vorhanden. »Schlimmstenfalls« wird Excel als alleiniges Berichts-Tool verwendet und auch dieses hat seine Vorteile. Zum Beispiel ist vollkommene Flexibilität und Manipulationsfähigkeit der Daten möglich. Alles liegt in der Hand des Berichterstellers. Natürlich gibt es auch eine Menge an Nachteilen. Da gibt es z.B. einen sehr großen Aufwand durch den manuellen Transfer der Daten von den Vorsystemen in Excel und gleichzeitig die Gefahr des Verlusts oder der Veränderung von Daten.

Durch die **frühe Einbindung der Endanwender** soll gewährleistet werden, dass das Gute erhalten bleibt und noch Besseres hinzukommt. Denn, wie zuvor beschrieben, auch das alte System hat sicherlich seine Vorteile, die von den Anwendern in einer gewissen Weise lieb gewonnen wurden und an die Nachteile hat man sich eben schon gewöhnt.

Ich hebe die spätere Akzeptanz der Endanwender bewusst an dieser Stelle stark hervor, denn sehr viele Projekte sind genau an dieser Problematik gescheitert. Nur wenn die Zustimmung aller am Projekt beteiligten Personen gegeben ist, sind die Voraussetzungen für ein erfolgreiches Projekt geebnet. Idealerweise sollte sogar mit Begeisterung dem neuen Business Intelligence System entgegengesehen werden. Jedoch sollen auch keine zu hohen, also unerfüllbare oder nur schwer erfüllbare Anforderungen bestehen, denn ansonsten ist die Enttäuschung vorprogrammiert. Einer späteren Aussage: »Früher war alles besser«, kann man damit am ehesten entgegenwirken.

Software- und Beraterauswahl als Vorprojekt

Da ein neues BI-System zumeist eine große Investition und manchmal sogar organisatorische Veränderungen notwendig machen, ist eine sorgsame Wahl der den Aufwand bestimmenden Software und der Berater zu empfehlen – am besten innerhalb eines eigenen Vorprojektes. Werden innerhalb dieses Vorprojektes die richtigen Entscheidungen getroffen, ist die Wahrscheinlichkeit eines erfolgreichen Implementierungsprojektes bedeutend größer. In diesem Kapitel wird deswegen auch der Schwerpunkt auf die Vorgehensweise innerhalb dieses Vorprojektes und weniger auf das eigentliche Implementierungsprojekt gelegt. Die Implementierungsprojekte unterscheiden sich je nach Software und Informationsinhalte sehr stark, sodass die Darstellung einer allgemeingültigen Vorgehensweise kaum möglich ist.

Um zu wissen, was in Zukunft für das Unternehmen sinnvoll ist, muss man zuvor über die Möglichkeiten Bescheid wissen. Idealerweise gibt es eine Person im Unternehmen, die bereits Vorwissen mitbringt. Ansonsten besteht die Möglichkeit sich über Literatur, Seminare bzw. Berater zu informieren.

Für größere Unternehmen und somit auch größere Projekte mag es durchaus ratsam sein, die Software- und auch die Beraterauswahl von einem Beratungsunternehmen durchführen zu lassen bzw. sich Unterstützung geben zu lassen. Wichtig ist dabei, dass die das Projekt durchführenden Berater bzw. das Beratungsunternehmen unabhängig sind von Softwareanbietern. Des Weiteren muss von Beginn an geklärt sein, dass das Beratungsunternehmen, welches das Vorprojekt durchführt, nicht gleichzeitig das spätere Implementierungsprojekt umsetzen darf. Ansonsten kann eine unabhängige, sachliche Beratung nicht glaubhaft gemacht werden.

In Abbildung 7.1 sind die einzelnen Projektschritte des Vorprojektes dargestellt. Um spätere böse Überraschungen zu vermeiden ist es sinnvoll diese gründlich abzuarbeiten, egal ob mit oder ohne externe Berater.

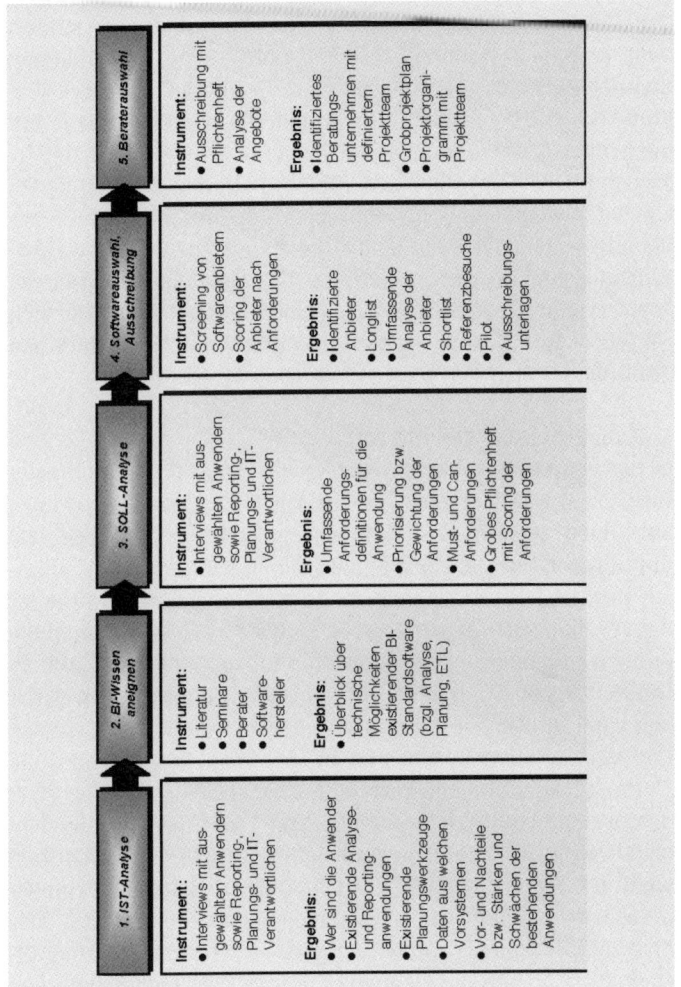

Abbildung 7.1: Vorprojekt Software- und Beraterauswahl

Start des Vorprojekts – Wer wird Projektleiter?

Zu Beginn steht die Entscheidung, das Vorprojekt zu starten. Es müssen ein Budget und Ressourcen zur Verfügung gestellt werden. Die Entscheidung für das Projekt sollte von der Vorstandsebene kommen, wodurch auch die notwendige Unterstützung und der Rückhalt gewährleistet sind. Der Projektleiter des Vorprojekts sollte bereits jene Person sein, die auch das spätere Implementierungsprojekt leitet. Idealerweise ist es eine Person, die als Schnittstelle zwischen den Endanwendern und der IT dienen kann. Ein Verständnis für die fachlichen Anforderungen eines Planungs- und Berichtstools ist die zwingende Voraussetzung. Es liegt also nahe, einen Controller als Projektleiter einzusetzen. Sehr oft wird ein BI-Projekt in den Unternehmen vom IT-Bereich getrieben. Falls dem so ist, kann zusätzlich eine Person aus dem Controlling mitwirken z.B. als fachlicher Projektleiter.

1. Projektphase – Die IST-Analyse

In der ersten Phase des Projektes wird der IST-Zustand analysiert. Dazu werden Interviews mit den IT-Verantwortlichen, den bisherigen Planungs- und Reporting-Verantwortlichen sowie mit ausgewählten Endanwendern durchgeführt. Es soll ermittelt werden, wer die bisherigen und wer die späteren Anwender der verschiedenen Bausteine des BI-Systems sind. Wer sind die Berichtsempfänger, wer nimmt Teil an der Planung? Weiters soll aufgelistet werden, mit welchen Werkzeugen, mit welcher Software, in welcher Art und Weise bisher die Reports erzeugt und verteilt werden, wie und mit welchen Instrumenten die Planung bisher durchgeführt wird. Gleichzeitig soll erfragt werden, welche Vor- und die Nachteile die bisherigen Systeme bieten, bzw. welche Stärken und Schwächen existieren. Erfragt werden soll auch, was denn aus Sicht des Endanwenders unbedingt erhalten bleiben soll (was noch nicht bedeuten darf, dass dies auch geschieht). Sehr wichtig ist es zu ermitteln, aus welchen Vorsystemen die zu analysierenden Daten stammen, welche Schnittstellen von diesen Vorsystemen in die bisherigen

Berichtssysteme existieren. Nützlich ist es, wenn die Datenströme und die Berichtsströme grafisch dargestellt werden. Da dies spätestens für die Ausschreibungsunterlagen benötigt wird, ist es sinnvoll dies bereits zu diesem Zeitpunkt zu erledigen.

2. Projektphase – BI-Wissen aneignen

Wie bereits erwähnt, ist für die Definition des späteren SOLL-Zustandes Wissen über die gebotenen Möglichkeiten unbedingte Voraussetzung. Gleichzeitig mit oder spätestens nach der IST-Analyse sollte man sich einen Überblick über Business Intelligence verschaffen:

– Was beinhaltet ein modernes BI-System?
– Welche Möglichkeiten aus rein technischer Sicht werden heute geboten?
– Welche Herausforderungen erwarten einen bei einem solchen Projekt?
– Wie lange dauern üblicherweise solche Projekte?
– Wie geht man dabei vor?
– Welche Kosten sind zu erwarten?

Das alles sind Fragen, auf die man besser Antworten hat, bevor der erste Software Anbieter seine Software präsentiert. Denn je besser das Vorwissen ist, desto weniger kann einem ein Verkäufer »das Blaue vom Himmel« versprechen. Natürlich stellt sich die Frage, wie man zu diesem Wissen kommt. Das vorherige Kapitel 6 und dieses Kapitel 7 geben Ihnen dabei erste wichtige Grundlagen. Weiterführende Literatur ist beispielsweise:

Allgemeines über BI:
– Grothe, M., Gentsch, P. (2000): Business Intelligence – aus Informationen Wettbewerbsvorteile gewinnen
– Kemper, H.G., Mayer, R. (2002): Business Intelligence in der Praxis. Erfolgreiche Lösungen für Controlling, Vertrieb und Marketing

- Hanning, U. (2002): Knowledge Management und Business Intelligence

Die zwei Klassiker betreffend Data Warehouse:
- Inmon, W.H. (1992): Building the Data Warehouse
- Kimball, R. (1996): The Data Warehouse Toolkit

Ein Buch zu OLAP:
- Oehler, K. (2000): OLAP, Grundlagen, Modellierung und betriebswirtschaftliche Lösungen

Spezialzeitschriften für BI, OLAP, MIS, Data Warehouse sind:
- IS-Report (www.oxygon.de)
- Monitor (www.monitor.co.at)

BI bezogen auf die Software von SAP:
- Meier, M., Sinzig, W., Mertens, P. (2002): SAP Strategic Enterprise Management/Business Analytics – Integration von strategischer und operativer Unternehmensführung

Eine weitere Möglichkeit um das Wissen zu erlangen ist, entsprechende Seminare zu besuchen, sich an die Softwarehersteller selbst bzw. an entsprechende Beratungshäuser zu wenden. Sowohl Beratungsunternehmen als auch Softwareanbieter, die ein Interesse an einem späteren Geschäft haben, sind zumeist bereit eine gewisse Vorleistung zu geben.

Diese Vorgehensweise birgt allerdings die Gefahr das zuvor erwähnte »Blaue vom Himmel« erzählt zu bekommen und so ein irreales Bild über die Möglichkeiten und Projektlaufzeit zu erhalten. Das gilt natürlich nicht für alle Anbieter. Eine aus meiner Erfahrung abgeleitete Regel lautet dabei, dass man den Aussagen der Personen, die später auch tatsächlich das Projekt realisieren, eher vertrauen kann als den reinen Verkäufern.

3. Projektphase – SOLL-Analyse durchführen
Entweder als eigene Projektphase oder gleichzeitig mit der IST-Analyse wird durch Interviews der SOLL-Zustand ermittelt. Im

Bereich der fachlichen und funktionalen Anforderungen sollen die späteren Anwender für Reporting, Analyse und Planung befragt werden. Es ist wichtig, an der Stelle ein gut ausgewähltes Team zusammenzustellen. Es sollen Endanwender aus dem Vorstandsbereich (z.B. CEO), aus einzelnen Fachbereichen (z.B. Vertrieb) und aus dem Controlling involviert sein. Für die technischen (und teilweise funktionalen) Anforderungen ist die Einbindung von Experten aus der IT-Abteilung unerlässlich. Vor der Befragung muss das Team im Rahmen einer Informationsveranstaltung über die zukünftigen Möglichkeiten aufgeklärt werden.

Das Ergebnis der Analysephase soll ein umfassender aber noch nicht sehr detaillierter Anforderungskatalog für die Gesamtlösung sein. Da die Details von der erst auszuwählenden Software mitbestimmt werden, soll an dieser Stelle zwar eine Gesamtbetrachtung der späteren Lösung vorgenommen werden, jedoch auf zu genaue Anforderungen noch verzichtet werden. Bei der Erfassung der Anforderungen muss dabei unterschieden werden:

A) Was sind die Anforderungen an die zukünftige Software (funktionale, technische Anforderungen)? Z.B.:
- Zu bewältigendes Datenvolumen
- Anzahl zukünftiger Nutzer
- Welches Betriebssystem (z.B. UNIX)
- Welche Datenbank (z.B. DB2)
- Standardschnittstelle zum OLTP System (z.B. SAP R/3)
- Excel als Front-End (mit Excel Add-in)
- Möglichkeit der Ad-hoc Berichterstellung per drag and drop
- Drill down Möglichkeit bis in das Vorsystem
- Darstellungsmöglichkeit einer Dimension mit verschiedenen (auch historischen) Hierarchien
- Historisierung von Stammdaten
- Absprungmöglichkeit von einem Bericht direkt in einen Detailbericht
- Ansicht der Berichte über einen WEB-Browser

- Zugriff auf Informationen per PDA oder WAP-Handy
- Berechtigungssystem einstellbar bis auf einzelne Datenzellen
- ...

B) Was sind die Anforderungen an die zukünftige BI-Lösung bzw. was ist nicht Teil der BI-Lösung (fachliche Anforderungen)? (folgend eine fiktive Aufzählung von Anforderungen wie sie in einem Unternehmen existieren könnten):

- Abbildung der Verkaufsberichte in Form einer Deckungsbeitragsrechnung mit der Möglichkeit, die Sicht nach Profit Center, Regionen, Kunden oder nach Produkten darzustellen
- Absatzzahlen in Abhängigkeit vom Kunden verknüpft mit den Forderungen aus Lieferungen und Leistungen
- Der Planungsablauf mit Verantwortlichen und Datum soll als Prozess im System dargestellt sein, sodass jederzeit ein Überblick vorhanden ist, wo man gerade in der Planung steht bzw. wessen Plandaten überfällig sind
- Detailtiefe der Planung: Die Kostenstellenplanung soll weiterhin im ERP-System vorgenommen werden. Die Absatzplanung im BI-System. Die 15 größten Kunden sollen detailliert geplant werden, der Rest (macht vom Umsatz 30 % aus) soll mit den Vorjahresdaten errechnet werden können (mit verschiedenen Verteilungsfunktionen).
- ...

Die Anforderungen aus A) benötigen wir für Phase 4 des Vorprojektes, die Softwareauswahl. Die Antworten auf die Fragen in B) liefern, was innerhalb des BI-Projektes verwirklicht werden soll. Das gibt gleichzeitig den Inhalt des Pflichtenheftes vor.

Nutzen Sie die Chance!

An der Stelle ist es sinnvoll zu überdenken ob der bestehende Planungsprozess bzw. das bisherige Berichtswesen des Unternehmens überarbeitet werden sollen. Erfahrungsgemäß ist dies meist der Fall. Als Controller kann man die Chance nutzen, innerhalb dieses Projekts Menge und Inhalt der Berichte mit den Anwendern den (neuen) Anforderungen entsprechend anzupassen. Genauso kann der gesamte Planungsprozess überdacht werden. In Summe bringt es zumeist Frustration, wenn Altes in einem neuen System mit viel Aufwand umgesetzt wird nur »weil es immer schon so war«.

	Longlist: Software xy erfüllt Kriterium Ja / Nein										
		Arcplan	Business Objects (jetzt SAP)	Cognos (jetzt IBM)	Corporate Planning	Cubeware	Microsoft SQL	MIK	Hyperion (jetzt Oracle)	SAP BI	SAS
Nummer		1	2	3	4	5	6	7	8	9	10
KO-Kriterien											
beispielhaft	Excel als Front End möglich										
	Standard-Schnittstelle zum OLTP vorhanden										
	Verarbeitung von sehr großem Datenvolumen möglich										
	Parallel können bis zu 30 User glz. Berichte aufrufen ohne Performance-Einbußen										
	Möglichkeit der Ad-hoc Berichterstellung per drag and drop										
	Berechtigungen können an eine Rolle geknüpft werden										
	Möglichkeit des WEB-Reportings										
	Planung ist möglich										
	Client-Server Technologie										
	Web-basierte thin clients										
	Add-in für Microsoft Office Produkte										
	...										
Alle KO-Kriterien erfüllt (Ja / Nein)											

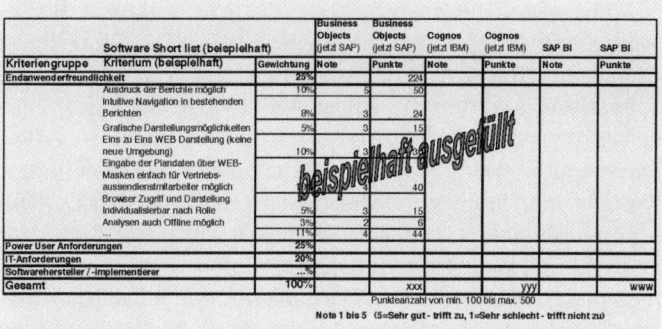

Abbildung 7.2: Liste mit möglichen KO-Kriterien

Software Short list (beispielhaft)			**Business Objects** (jetzt SAP)	**Business Objects** (jetzt SAP)	**Cognos** (jetzt IBM)	**Cognos** (jetzt IBM)	**SAP BI**	**SAP BI**
Kriteriengruppe	**Kriterium (beispielhaft)**	**Gewichtung**	**Note**	**Punkte**	**Note**	**Punkte**	**Note**	**Punkte**
Endanwenderfreundlichkeit		**25%**		224				
	Ausdruck der Berichte möglich	10%	5	50				
	intuitive Navigation in bestehenden Berichten	8%	3	24				
	Grafische Darstellungsmöglichkeiten	5%	3	15				
	Eins zu Eins WEB Darstellung (keine neue Umgebung)	10%	3	[illegible]				
	Eingabe der Plandaten über WEB-Masken einfach für Vertriebs-aussendienstmitarbeiter möglich	[illegible]	4	40				
	Browser Zugriff und Darstellung Individualisierbar nach Rolle	5%	3	15				
	Analysen auch Offline möglich	3%	2	6				
	...	11%	4	44				
Power User Anforderungen		**25%**						
IT-Anforderungen		**20%**						
Softwarehersteller / -implementierer		**...%**						
Gesamt		**100%**		xxx		yyy		www

Punkteanzahl von min. 100 bis max. 500

Note 1 bis 5 (5=Sehr gut - trifft zu, 1=Sehr schlecht - trifft nicht zu)

beispielhaft ausgefüllt

Abbildung 7.3: Scoring Auswahlverfahren mit beispielhaften Software-Anforderungen

Die technischen Anforderungen sollen dabei in MUST- und CAN-Kriterien unterteilt sein. Dies ist für die Softwareauswahl von Bedeutung. Denn werden von einer bestimmten Software die MUST-Kriterien oder KO-Kriterien nicht erfüllt, ist dies bereits im Vorfeld ein Ausscheidungskriterium (siehe Abb. 7.2).

Vor allem für die fachlichen aber auch die technischen und funktionalen Anforderungen ist es hilfreich, eine Priorisierung bzw. Gewichtung der unterschiedlichen Anforderungen vorzunehmen. Die Ergebnisse münden dann im Anforderungskatalog, der in Form eines Scoringmodells dargestellt sein kann. Dieser ist dann die Ausgangsbasis für die Softwareauswahl (siehe Tabelle 2).

Die Gesamtergebnisse der SOLL-Analyse sind Inhalt des Pflichtenheftes und dienen als Basis für Phase 4 und 5 im Projekt – der Software und der Beraterauswahl.

4. Projektphase – Softwareauswahl, Ausschreibung

Welche Softwareanbieter gibt es?

Zuerst verschafft man sich einen Überblick über die verschiedenen Softwareanbieter, sowie deren Software und die jeweiligen Vor- und Nachteile.

Von großem Nutzen kann dabei die jeweils aktuelle **BARC-Studie** sein (http://www.barc.de/). BARC steht für **B**usiness **A**pplication **R**esearch **C**enter. BARC bietet »Transparenz für Softwareentscheidungen in Business Intelligence«, so in eigenen Worten des BARC. Die regelmäßig erscheinenden BARC-Studien sind in der Branche hoch anerkannt. Sie liefern eine neutrale und fundierte Übersicht über die am Markt erhältlichen BI-Produkte. Die Studie stellt die relevanten Kriterien zur Beurteilung von Business Intelligence Software vor und bewertet auf dieser Basis die Leistungsfähigkeit der Software im Vergleich. Der Test erfolgt anhand einer Installation der Lösungen im BARC-Labor. Weiters werden eine große Anzahl an User über die Zufriedenheit bzw. Probleme mit der Software und deren Einführung befragt. Eine ausführliche Beschreibung jedes Werkzeugs gibt dem Leser einen Einblick in die unterschiedlichen Lösungsansätze für eine Markteingrenzung oder einen Direktvergleich zu evaluierenden Herstellern.

Der Nachteil an diesen Studien ist der Preis. Eine Einjahreslizenz zur Einsicht der Studie »Business Intelligence« mit jeweils aktuellen Ergänzungen kostet 2.500,– Euro (Preise laut Internet www.barc.de, download vom 14.08.2008).

Zur ersten Orientierung anbei eine Auswahl an BI-Anbietern ohne Anspruch auf Vollständigkeit:
Im Internet findet man unter folgenden Adressen viele weitere zumeist kostenlose und gleichzeitig nützliche Informationen:

	Produktanbieter	WEB-Side
1	Arcplan	http://www.arcplan.de
2	Applix (jetzt Cognos bzw. IBM)	http://www.cognos.de
3	b-imtec	http://www.b-imtec.de
4	Bissantz	http://www.bissantz.de
5	Board	http://www.board.com
6	Business Objects (jetzt SAP)	http://www.businessobjects.com
7	Cognos (jetzt IBM)	http://www.cognos.com
8	Corporate Planning	http://www.corporate-planning.com
9	CoPlanner	http://www.coplanner.com
10	cubeware	http://www.cubeware.de
11	cubus	http://www.cubus.com
12	BPS-One Denzhorn	http://www.bps-one.de
13	IDL	http://www.idl.de
14	Infor	http://www.infor.com
15	Jedox	http://www.jedox.com
16	Microsoft	http://www.microsoft.de
17	Micro Strategy	http://www.microstrategy.com
18	MIK	http://www.mik.de
19	Hyperion (jetzt Oracle)	http://www.oracle.com
20	Paris	http://www.olap.com
21	SAP	http://www.sap.de
22	SAS	http://www.sas.de
23	SPSS	http://www.spss.de
24	STAS	http://www.stas.de

www.competence-site.de
www.controllingportal.de
www.grotheer.de
www.hummingbird.com/products/bi
www.i-bi.de
www.IMIS.de
www.kul-online.de
www.olapreport.com

Von der langen Software-Liste zur endgültigen Lösung

Als nächsten Schritt muss aus der gesamten Liste an Software-anbietern der passende Anbieter für das Unternehmen gefunden werden. Dazu schließt man erstmals jene Anbieter aus, welche die zuvor definierten MUST-Kriterien nicht erfüllen (siehe Tab. 1). Eine Grobanalyse hilft, um aus einer »Longlist« eine »Shortlist« werden zu lassen. Dann verwendet man den Kriterienkatalog mit gewichteten Kriterien aus der SOLL-Analyse und bewertet die Software bzw. die Software-Anbieter (so wie in Tab. 2 gezeigt). Zusätzlich zu den bereits funktionalen und technischen Anforderungen sind dabei folgende Kriterien sehr wichtig:

Zum Produktanbieter:
– Wer ist der Anbieter? Ist zu erwarten, dass dieser Anbieter sein Produkt jeweils nach neuestem Stand der Technik weiterentwickelt? Welche Partner hat der Anbieter? Vor allem Partner aus dem Bereich der ERP-Anbieter sind bezüglich der Schnittstellen interessant. Wie lange existiert der Anbieter schon? Wird es den Anbieter auch in 5 Jahren noch geben?
– Gibt es Servicepartner nahe dem eigenen Unternehmen?
– Wie sind die Supportzeiten?
– Welche Beratungspartner hat der Anbieter – hat man Wahlmöglichkeiten in Bezug auf die Berater?
– …

Zum Produkt:
- Wie hoch sind die Lizenzkosten?
- Existieren Schnittstellen zu meinen Vorsystemen?
- Ist das Produkt erweiterbar, existieren Schnittstellen zu darauf aufsetzenden Produkten (z.B. wenn man speziell mit einem Data Warehouse startet, welche Front End Tools können verwendet werden)?
- Gibt es bereits vorgefertigte Lösungsbausteine, die die Gesamtimplementierungszeit stark verkürzen können?
- Ist das System ausbaubar bezüglich User und vor allem auch in Bezug auf das Datenvolumen?
- Wie hoch ist die Flexibilität des Systems? Kann das System auf Veränderungen in der Organisationsstruktur einfach angepasst werden?
- Welche Referenzkunden gibt es?
- ...

Aus der Unmenge an Softwareanbietern den passenden zu finden, ist nicht einfach. Hanning et al. schreiben in dem Buchbeitrag »Der deutsche Markt für Data Warehousing und BI« in (vgl. Hanning, U. (2002)):

Viele Verantwortliche in den Anwenderunternehmen planen die Einführung der BI- und DWH-Lösungen systematisch. Nach wie vor dienen in über der Hälfte der Fälle Pflichtenhefte als Grundlage für die Implementierung. Das Problem in der Praxis ist häufig, dass selbst ausgefeilteste Kriterienkataloge für die konkrete Auswahl von Tools bzw. Entwicklungsumgebungen wenig hilfreich sind, da die meisten Anbieter bestätigen, dass sich ihre Werkzeuge grundsätzlich für alles eignen. Im Hinblick auf Haftungsfragen bzw. Gewährleistungsansprüche und zur Erleichterung des Screenings hat die Erstellung eines Pflichtenheftes dennoch seine Berechtigung. Darüber hinaus werden vor allem die Mitarbeiter aus den Anwenderunternehmen für die wesentlichen Fragestellungen des Projekts sensibilisiert.

Bei der endgültigen Entscheidung können neben dem Screening der Besuch bei einem Referenzkunden bzw. die Erstellung eines Piloten helfen.

Ein Pilot ist die testweise Installation möglichst im eigenen Unternehmen, um ein »look and feel», also den Umgang der eventuell zukünftigen Software, bereits im Vorfeld zu erleben. Die zukünftige Lösung soll dabei in kleinen Auszügen umgesetzt werden, um überprüfen zu können, ob die Software die gewünschten Anforderungen tatsächlich erfüllt. Dabei kann zusätzlich beobachtet werden, wie aufwendig die Umsetzung gewisser Anforderungen im Vergleich mit anderen Produkten ist.

Letzter Schritt in der Phase 4 des Vorprojektes ist die Erstellung der Ausschreibungsunterlagen mit den Anforderungen aus der SOLL-Analyse innerhalb des Pflichtenheftes. Je nach Unternehmen wird diese Ausschreibung veröffentlicht bzw. an ausgewählte Berater übermittelt.

5. Projektphase – Beraterauswahl

Mit welchem Berater bzw. mit welchem Beratungshaus setzt man am Besten das Projekt um? Die Auswahl des Beraters sollte sich keinesfalls alleine nach dem Preis richten. Folgende Punkte können Ihnen bei der Auswahl helfen:

– Die »Chemie« muss passen! Darauf achten, dass man im Vorfeld diejenigen Berater kennen lernt, die tatsächlich das Projekt umsetzen werden.

– Erfahrene Berater! Vertraglich festlegen, dass die erfahrenen Berater (namentlich) auch tatsächlich im Projekt arbeiten und nicht nur in der Akquisitionsphase dabei sind.

– Referenzen! Referenzen einfordern und diese in Bezug auf die einzelnen Personen – Lebenslauf pro Person. Es bringt dem Projekt nur wenig, wenn innerhalb des Beratungskonzerns irgendwo auf der Weltkugel bereits Erfahrung mit einem solchen Projekt gemacht wurde. Die erfahrenen Personen müssen im Team sein. Bei der Referenz ist dabei zu beachten, dass nicht nur allgemein Erfahrung mit BI

gemacht wurde, sondern speziell mit der gewünschten Software und am besten noch mit genau jenem Vorsystem(en).
- Know-how Transfer! Klarstellen, dass das Know-how im Sinne eines Coachings frühzeitig im Unternehmen aufgebaut werden soll.
- Projektziele/Meilensteine! Das Angebot soll messbare Projektziele mit Meilensteinen als Zwischenziele zu definierten Zeitpunkten beinhalten.
- Projektplan! Das Angebot soll des Weiteren einen detaillierten Projektplan zumindest für einen ersten Projektzyklus beinhalten.
- Aufwandsabschätzung! Den Gesamtaufwand eines BI-Projektes im Vorfeld zu beziffern ist nahezu nicht möglich. Mit wie vielen externen Beratertagen innerhalb des Projektes zu rechnen ist, hängt vor allem davon ab, ab wann Teammitglieder des eigenen Unternehmens welche und vor allem wie viele Arbeiten übernehmen. Ein zweiter kritischer Punkt ist, dass die detaillierten Anforderungen an die BI-Lösung erst innerhalb des Projekts erhoben werden.

Da der Gesamtaufwand im Vorfeld nur äußerst ungenau abgeschätzt werden kann, ist ein Fixpreisangebot unseriös – nur jene, die ihre Berater unbedingt auslasten wollen, werden sich auf ein Fixpreis-Projekt einlassen und das sind wahrscheinlich eher nicht die Besten.

Wichtig ist, dass die gesamte BI-Lösung nicht als »Big-bang«-Projekt (alles auf einmal) umgesetzt wird. Beim zyklischen Vorgehen hat das Projektteam die Möglichkeit, aus der Vorgehensweise des jeweils davor liegenden Projektzyklus und den dabei gemachten Fehlern zu lernen.

So ist es sinnvoller, im Angebot nur eine erste Projektphase (die Analysephase) oder einen ersten Projektzyklus detailliert und eventuell verbindlich abschätzen zu lassen. Für eine Orientierung sollte das Gesamtprojekt trotzdem mit einer ungefähren (nicht bindenden) Schätzung versehen werden. Die Aufwandsabschätzung müsste sowohl für die externen Berater als auch für die unternehmenseigenen Projektmitarbeiter vorgenommen werden.

Zum Zeitaufwand des Vorprojektes
Bei optimalem Verlauf ist mit einer Durchlaufzeit des Vorprojektes von wenigen Wochen bis mehreren Monaten zu rechnen. Diese Projektzeit kann sich je nach Komplexität des Unternehmens und Gründlichkeit der Softwareauswahl und Erstellung der Ausschreibungsunterlagen auch auf ein Jahr erhöhen.

Vorgehensweise im eigentlichen BI-Projekt

Abbildung 7.4 zeigt einen Plan zur Vorgehensweise im eigentlichen BI-Projekt. Je nach Software und genauen Projektinhalten (nur OLAP oder nur integrierte Planung oder eine gesamthafte BI-Lösung, …) wird der Projektplan angepasst werden müssen, die grundlegende Struktur wird jedoch beibehalten werden können. Auf einige ausgewählte kritische Punkte möchte ich in Folge näher eingehen.

Projektmanagement und Qualitätssicherung
Eine allgemeine Projektmanagement Regel ist, dass das Projekt in Phasen untergliedert sein soll. Diese werden mit Meilensteinen versehen, deren Erreichung in einem Plan-Ist-Vergleich zu »controllen« sind. Für das Projektmanagement und die Qualitätssicherung ist mit einem Aufwand von ca. 5-10% des Gesamtaufwands zu rechnen. Ein monatlicher Projektfortschrittsbericht und regelmäßige Treffen der Projektleitung intern und extern dienen der Standortbestimmung und einer frühzeitigen Erkennung von Abweichungen.

1. Projektvorbereitung

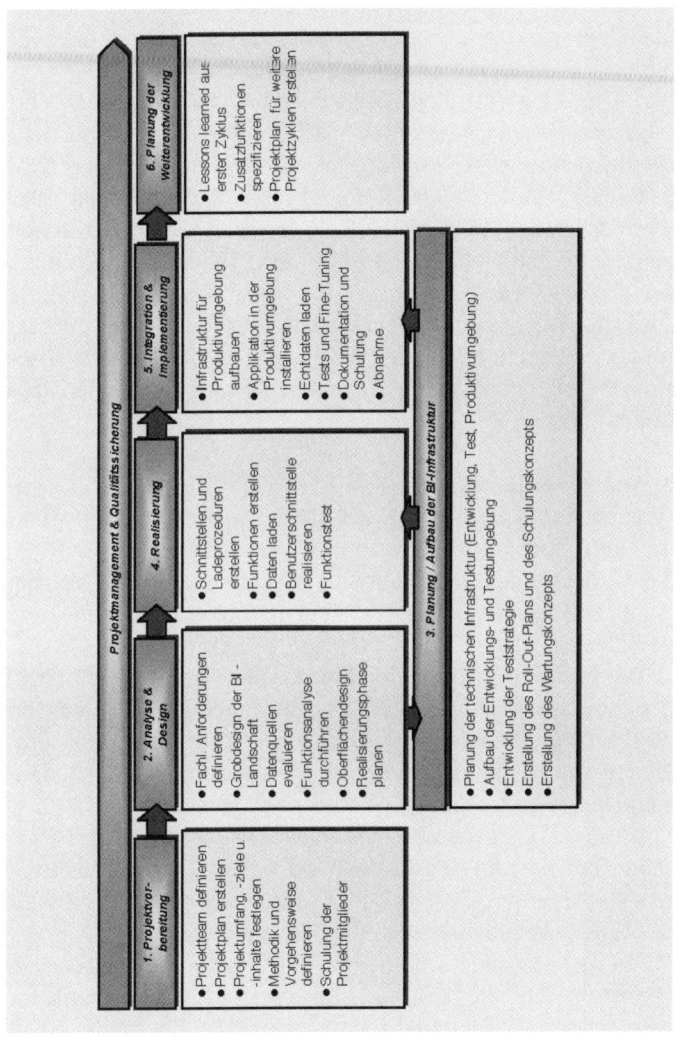

Abbildung 7.4: Projektvorgehensweise in einem BI-Projekt

Wie bereits für das Vorprojekt besprochen, ist die Zusammensetzung des Projektteams ein sehr bedeutendes Erfolgskriterium. Der Projektsponsor sollte aus der Vorstandsebene sein. Für die Projektleitung ist ein Verständnis für die fachlichen Anforderungen eines Planungs- und Berichtstools ein weiteres Erfolgskriterium. Ein Controller als fachlicher Projektleiter und eventuell ein zweiter Projektleiter aus der IT (technischer Projektleiter) würden diese Anforderungen gut abdecken. Das Team der Projektmitglieder soll ausgewogen über verschiedene betroffene Unternehmensbereiche sein. Durch eine Schulung der Projektmitglieder bereits in der Projektvorbereitungsphase ist in der Analysephase eher gewährleistet, dass die Anforderungen mit den tatsächlichen Möglichkeiten der Software abgestimmt sind und dass ein rechtzeitiger Know how Transfer stattfindet.

2. Analyse & Design

Wie bereits bei der Aufwandsschätzung im Vorprojekt erwähnt, ist eine Erfolg bringende und Ressourcen sparende Strategie, das Gesamtprojekt in Zyklen durchzuführen und nicht als »Big bang«-Projekt (also alles auf einmal). Dafür gibt es mehrere Gründe:

Die Erzielung eines schnellen Erfolgs wird möglich. Werden innerhalb weniger Monate erste Ergebnisse sichtbar, ist dies für alle Mitglieder des Projekts motivierend. Der Projektsponsor hat herzeigbare Ergebnisse und die späteren Endanwender wissen frühzeitig, was auf sie zukommt.

Aus der Vorgehensweise des ersten Projektzyklus hat das gesamte Projektteam und -Umfeld die Chance, für die nächsten Zyklen zu lernen. Spätere Anwender lernen im ersten Zyklus die Möglichkeiten aber auch die Grenzen der Software kennen, die zu definierenden Anforderungen werden somit realistischer. Die externen Berater lernen die Anwender und vor allem die firmeninternen Projektmitglieder kennen. Die Zusammenarbeit wird in Folge besser. Firmeninterne Projektmitglieder können

bereits im ersten Zyklus Know-how aufbauen um in den Folge-
zyklen mehr und mehr Tätigkeiten von den externen Beratern
zu übernehmen. Die Tätigkeit der externen Berater soll sich
entsprechend immer mehr auf Coaching-Tätigkeiten reduzieren. In Summe fallen für das Gesamtprojekt weniger Kosten für
externe Berater an. Im Projekt ist frühzeitig gewährleistet, dass
der Know-how Transfer stattfindet und nach Abschluss des Ge-
samtprojekts keine Abhängigkeit von externen Beratern besteht.

Ein erster Zyklus in einem BI-Projekt könnte z.B. nur das Reporting betreffen und da auch nur einen Teil davon. Weitere Bestandteile von BI wie die Planung und Konsolidierung oder
auch spezielle Werkzeuge wie z.B. die BSC könnten in einem
späteren Zyklus umgesetzt werden.

Die Auswahlkriterien für den Inhalt des ersten Projektzyklus
müssten heißen:

– Der Nutzen soll groß sein. Dort wo der Ruf nach einer
  Verbesserung am größten ist, ist auch der Dank am größten.
– **Die Umsetzung soll nicht sehr schwierig sein.** Die
  größten Herausforderungen geht man besser erst an, wenn
  entsprechendes Know-how aufgebaut ist.

Neben der zyklischen Vorgehensweise möchte ich in der Analysephase hervorheben, wie wichtig es ist, genug Zeit für die Er-
hebung bzw. Vereinheitlichung von Berechnungsmethoden,
Definitionen von Kennzahlen und Standardberichten vorzuse-
hen. Die Chance soll genützt werden, unternehmensweite einheitliche Standards zu schaffen sowie von der Fülle an Papier-
berichten wegzukommen, die oft nicht (mehr) genutzt werden.
Ein BI-Projekt kann zu einer Neuorientierung des Berichtswesens, der Planung und sogar zu einer neuen Steuerungsmetho-
de des Unternehmens führen. Eine gründliche Planung und
eine gute Vorbereitung der betroffenen Personen ist Voraussetzung für den Erfolg.

3. Planung / Aufbau der BI-Infrastruktur

Die Planung der technischen Infrastruktur soll so früh als möglich erfolgen, sodass gewährleistet ist, dass diese rechtzeitig zur Verfügung steht. Bei der Hardware sollte darauf geachtet werden, dass diese erweiterbar ist.

4. Realisierung

In der Phase der Realisierung wird oft der Fehler gemacht, dass während des Umsetzens neue oder auch geänderte Anforderungen hinzukommen. Straffes Projektmanagement ist an dieser Stelle gefragt, um eine ständige Neudefinition der zu realisierenden Umsetzungsinhalte und somit Mehraufwändungen und infolge auch Zeitverzögerungen zu verhindern.

5. Integration & Implementierung

Werden die Tests zur Überprüfung der Vollständigkeit der Daten (der Stammdaten und Bewegungsdaten) sowie die Überprüfung der Korrektheit der Inhalte von den Endanwendern selbst durchgeführt, haben diese die Gelegenheit die Bedienung der Software bereits in einem sehr frühen Stadium kennen zu lernen und gleichzeitig können Beraterressourcen eingespart werden. Des Weiteren sollte keinesfalls auf die Erstellung einer Dokumentation verzichtet werden.

6. Planung der Weiterentwicklung

Die notwendigen Ressourcen für das Sammeln der Erfahrungen aus den jeweiligen Projektzyklen sollen im Projektplan explizit vorgesehen sein. Nur dann ist auch gewährleistet, dass diese Erfahrungen in den nächsten Projektzyklus einfließen können.

Zusammengefasste allgemeine Erfolgskriterien:

- Klare Formulierung der Zielsetzung des BI-Projektes
- Die Ziele des BI-Projektes breit kommunizieren
- BI-Lösung als unternehmensweite Lösung vorsehen und keine neuen Insellösungen schaffen

- Unternehmensweites einheitliches Verständnis der Definitionen von Kennzahlen, Inhalten von Standard-Berichten bzw. der Planung schaffen
- Rechtzeitige Einbindung der Endanwender in das Projekt
- BI-Projekt soll ein aus den Fachbereichen getriebenes Projekt sein und kein alleiniges IT-Projekt
- IT-Bereich soll jedoch von Beginn an in das Projekt mit eingebunden sein
- Erwartungshaltung der Endanwender rechtzeitig auf ein realistisches Niveau setzen
- Projektsponsoring durch das Top-Management

Literatur

Grothe, M., Gentsch, P. (2000): Business Intelligence – aus Informationen Wettbewerbsvorteile gewinnen, München 2000

Hanning, U. (2002): Knowledge Management und Business Intelligence, Springer-Verlag, Berlin Heidelberg New York 2002

Inmon, W.H. (1992): Building the Data Warehouse, New York 1992

Kemper, H.G., Mayer, R. (2002): Business Intelligence in der Praxis. Erfolgreiche Lösungen für Controlling, Vertrieb und Marketing, Lemmens-Verlag, 2002

Kimball, R. (1996): The Data Warehouse Toolkit, New York 1996

Meier, M., Sinzig, W., Mertens, P. (2002): SAP Strategic Enterprise Management/Business Analytics – Integration von strategischer und operativer Unternehmensführung, Springer-Verlag, Berlin Heidelberg New York 2002

Oehler, K. (2000): OLAP, Grundlagen, Modellierung und betriebswirtschaftliche Lösungen, München Wien 2000

Seufert, A., Schäfer, R. (2004): Empirische Studie: Integrierte Unternehmensplanung, URL: www.i-bi.de/iFrames/ibi-projekte-alles.htm, download 03.12.2004

Zilch, I. (2004) S. 40-41: »Was die IT-Trends wert sind« in Computerwoche fokus 4/04

Präsentationen mit dem PC vorbereiten und durchführen

Der Controllerbereich wird manchmal auch als Marketingbereich der betriebswirtschaftlichen Abteilung bezeichnet. Controller sollten innerbetriebliche Dienstleister sein und sich gegenüber ihren innerbetrieblichen Kunden empfängerorientiert verhalten. Dieses empfängerorientierte Verhalten spiegelt sich u.a. in der Aufbereitung betriebswirtschaftlicher Sachverhalte wider: Sei es in der Präsentation von Planungsprämissen, der Darstellung und Interpretation von Monatsergebnissen und Vorschaurechnungen oder in Projektberichten.

Zielanalyse

Eine Grundvoraussetzung für den effektiven und effizienten Einsatz von Ressourcen ist die Zielorientierung. Hier gelten wieder die alten Reporterfragen: Was? Wem? Wie? Wann? Wo? Hinter dem »Was« verbirgt sich die Finalität. Was will ich mit dem Vortrag erreichen? Geht es darum, Zusammenhänge aufzuzeigen und Verständnis zu schaffen, so dass z.B. Maßnahmen beschlossen werden können, so dürfte die eine oder andere zusätzliche Folie erlaubt sein. Geht es jedoch darum, dass ein Merken erzielt werden soll, so gilt die Regel »weniger ist mehr«. Was behalten Sie von 50 Folien und was behalten Sie von 5 Folien? Weiterhin ist die Zielgruppe von Bedeutung (für wen?) Handelt es sich um eine einmalige Präsentation eines Sachverhaltes im Kollegenkreis, so dürfte die schnelle MS PowerPoint-Folie reichen, die evtl. als Arbeitsunterlage für die Teilnehmer in schwarz-weiß am örtlichen Arbeitsplatz mit dem Laserdrucker ausgedruckt wird. Ist es hingegen eine Folie zur Präsentation der Monatsergebnisse vor der Geschäftsführung, so empfiehlt sich ein einmalig etwas größerer Aufwand zur Gestaltung eines farbigen Standard-Layouts. Geht es schließlich um den Verkauf oder die Fusion eines Unternehmensbereiches, so läßt sich wahrscheinlich auch für diese Einmal-Präsentation der hohe Aufwand für ein ansprechendes farbiges Layout nicht vermeiden. Zum »Wo?« sind folgende Aspekte zu berücksichtigen. Wie ist die räumliche Gestaltung? Läßt sich der Raum verdunkeln, aber nur so viel, um die Präsentationsfolien einwandfrei erkennen zu können, da Helligkeit über Rezeptoren im Auge den Ausstoß das Wachheitshormon Adrenalin fördern? Gibt es einen Beamer, der lichtstark, leise und mit der Auflösung und den Anschlüssen des Präsentations-PCs kompatibel ist, was häufig in Hotels nicht der Fall ist? Ist die Leinwand groß genug? Welches Hard- und Software-Equipment ist vor Ort installiert? Gibt es einen Presenter zur »Fernsteuerung« der Folien mit integriertem Laserpointer, z. B. von Logitech? Auch ist es bei besonders wichtigen Präsentationen, z.B. Kongressvorträgen, überlegenswert, eine doppelte Sicherung der Folien vorzunehmen: 1. Speicherung der Powerpoint-Präsentation auf einem separaten USB-Stick, auf dem nicht gleichzeitig die Ur-Version gespeichert ist, im Format »Powerpoint-Bildschirmpräsentation *.pps. Von diesem Stick und in diesem Format kann die Präsentation auf jedem PC durchgeführt werden, auch wenn der ursprüngliche PC nicht einsatzfähig ist und Powerpoint auf dem Ersatz-PC nicht installiert ist. Als 2. Sicherung, falls PC oder insbesondere der Beamer ausfallen, bietet sich weiterhin noch ein Ausdruck auf Klarsichtfolien an, die notfalls auf einem Overhead-Projekt präsentiert werden können.

Ein weiterer Aspekt ist durch die Frage »Wann?« gekennzeichnet. Ist der Vortrag am Morgen, kann er vielleicht etwas nüchtern, sachlicher sein. Nach dem Mittagessen oder gegen Abend sollten dynamische und plakative Elemente zur Konzentrationsförderung eingebaut werden. Von besonderer Bedeutung ist die Präsentationszeit. Es sollte möglichst versucht werden, pünktlich zu starten und aufzuhören. Gutes Zeitmanagement spricht für die organisatorische Kompetenz des Referenten.

Vorüberlegungen

Nach der Zielanalyse sind als Einstieg einige Vorüberlegungen zur Ausformung der Präsentation erforderlich. Hierbei geht es insbesondere um die Rahmenbedingungen des »Wie«, insbesondere um die Präsentationsmedien, den Umfang und das Grundlayout der Präsentation.

Präsentationsmedien

Obwohl es an dieser Stelle um die PC-gestützte Präsentationsvorbereitung geht, woraus eigentlich nur Aspekte zu Folien-, Bildschirm- und LCD-/Beamer-Projektionen sowie Handout-Fragen resultieren, sollte auch der Einbezug anderer Medien, z.B. Flipchart und Pinwand, geprüft werden. Bei PC-gestützten Präsentationen ist insbesondere der Anschaffungs- bzw. Handling-Aufwand während der Präsentation in Relation zum Nutzen (Wirkung einer technisch und optisch perfekten Präsentation) zu setzen. Folien sind hingegen bei guter Aufbereitung flexibler und störungsunanfälliger einsetzbar (siehe Zielanalyse). Nicht unberücksichtigt bleiben sollten die mechanischen Medien Flipchart und Pinwand. Ist es z.B. vorstellbar, eine oder mehrere zentrale Kernaussagen bei kleinerem Auditorium live am Flip-Chart oder der Pinwand zu entwickeln, bzw. bei größerem Auditorium auf einer leeren Folie? Selbstverständlich muss diese Darstellung vorher vorbereitet und geübt worden sein. Wenn sie aber dynamisch vorgetragen wird, bekommt diese Darstellung zusätzliche Überzeugungskraft: Der Referent steht (physisch) zu seinem Thema und hat es im Kopf (beherrscht es). Selbstverständlich sind diese Medien nur dann ergänzend einzusetzen, wenn der Raum trotz Projektion noch eine genügende Helligkeit hat.

Umfang

Gerade bei seinen ersten Präsentationen wird man sich denken: »Mein Gott, wie soll ich die Zeit füllen?« Es wird häufig dazu geneigt zuviel vorzubereiten. Diese Ergebnisse möchte man dann trotz knapp werdender Zeit auch noch präsentieren, wodurch die Präsentation zum Schluß häufig hektisch wird. Pro Folie sollte man, je nach Komplexität, ca. 1,5 bis 3 Minuten Präsentationszeit kalkulieren. Daraus folgt, dass die maximale Anzahl an Folien wie folgt zu kalkulieren wäre: Redezeit in Minuten durch 1,5 = maximale Folienzahl. Werden mehr Folien gezeigt, so stellt sich beim Empfänger das Gefühl einer »Folienschlacht« ein. Wird die Vortragszeit einmal nicht ausgeschöpft, so bietet sich noch die Möglichkeit an, eine zentrale Folie zu wiederholen oder, wenn gewollt, mit vorher überlegten »Zündfragen« eine Diskussion zu eröffnen. Im Zweifelsfall ist es weniger tragisch, fünf Minuten eher in eine Kaffeepause zu gehen als um fünf Minuten zu überziehen.

Layout

Hier ist zunächst der Formatentscheid zu treffen. Zwar sind die meisten Publikationen im Hochformat. Doch ist bei der PC-gestützten Präsentationserstellung das Querformat aus drei Gründen zu präferieren: 1. Für eine Bildschirm-Präsentation deckt sich das Querformat mit dem Bildschirmformat; 2. Im Querformat kann an der Leinwand höher projiziert werden, d.h. über den Vortragenden. Damit ist eine bessere Erkennbarkeit gegeben. 3. Optisch wirken weniger Zeilen mit längerem Inhalt besser als mehrere Zeilen mit kurzem Inhalt. Bei DIN A-4-Präsentationen im Querformat sollte die Seitenbreite 25 cm und die Seitenhöhe 19 cm betragen.

Es sollte versucht werden, während der Präsentation möglichst das einmal gewählte Format beizubehalten. Ein weiterer Schlüsselfaktor bei der PC-gestützten Präsentationsvorbereitung ist die Wahl der Hintergrundfarbe. Generell sollte die Hintergrundfarbe eine leichte Tönung aufweisen, so dass der Helligkeitskontrast nicht zu groß wird. Bei Schwarzweißfolien ist daher ein heller Grauton als Hintergrundfarbe zu wählen. Etwas schwieriger wird die Wahl der Hintergrundfarbe für Farbprojektionen. Zum Thema Hintergrundfarbe könnten jetzt die verschiedensten Aspekte der Farbpsychologie angeführt werden. Unter Gesichtspunkten der Fernwirkung (Erkennbarkeit unter Berücksichtigung der Entfernung) haben sich Kombinationen aus den Farben Gelb und Blau besonders positiv herausgestellt. So wäre einerseits ein blassgelber Hintergrund zu empfehlen. Er hätte den Vorteil, dass im Vordergrund die verschiedensten anderen Farben noch positioniert werden könnten. Eine andere Kombination wäre ein blauer Hintergrund, der Solidität und Vertrauen symbolisieren könnte, auf den dann gelber Text oder Grafiken in hellen Farben gesetzt werden. Bei Blau als Hintergrundfarbe scheiden dunkle Farben im Vordergrund aus. Damit farbige Folien z.B. aus MS PowerPoint auch notfalls einmal in schwarzweiß ausgedruckt werden können, ist bei der Farbwahl zu überprüfen, ob ein genügender Kontrastunterschied zwischen den einzelnen Farben vorliegt. Das kann z.B. in MS PowerPoint am einfachsten im Menü Ansicht mit der Auswahl Schwarzweißansicht überprüft werden.

Schließlich ist noch ein Entscheid zum Schriftformat zu treffen. Es sollte möglichst eine Schrift ohne Serifen sein, wie z.B. Arial. Die Schrifthöhe sollte mindestens 24 Punkte betragen. Es ist einer der Hauptpräsentationsfehler, dass die Schriftgröße zu klein gewählt wurde.

Auch ein Handout (Vortragsunterlage) sollte vorbereitet werden. Dabei genügt es meistens nicht, einfach Abdrucke der Folien als begleitende Unterlage auszuhändigen. Die Folien können nach mehreren Wochen fehlinterpretiert werden. Daher sollten alle Folien im Handout protokolliert sein, aber zusätzlich mit einem interpretierenden Text versehen werden, der auch ein späteres Nachvollziehen oder eine Weitergabe an Dritte, die diesen Vortrag nicht persönlich erlebt haben, ermöglicht. Mit dem Handout ist es auch möglich, die eine oder andere Folie zu präsentieren, z.B. Formulare, die eigentlich wegen der Schriftgröße und der Komplexität nicht den Präsentationsanforderungen entspricht. Wenn die Zuhörer ein lesbares Original im Handout vor sich liegen haben, verzeihen sie meist eine etwas weniger lesbare Folie. Generell sollten zu allen Präsentationen vollständige Handouts verteilt werden, außer man möchte die Weitergabe an Dritte vermeiden. Diese Sachlage müßte aber zum Beginn der Präsentation den Teilnehmern mitgeteilt und begründet werden.

Schließlich sollten Sie auch Ihr Abteilungszeichen oder persönliches Kürzel auf der Folie im Sinne eines Logos einfügen. Wer schreibt, der bleibt. Es sollte aber in dezenter Form am unteren Folienrand erscheinen.

Zeitökonomie

Es ist aus meiner Sicht nicht zeitökonomisch, wenn ein Controller einen Mitarbeiter zur Vorbereitung auf eine 45-minütige Gesellschafterversammlung innerhalb von 3 Monaten 250 Folien vorbereiten läßt, wovon maximal 30 Folien präsentiert werden, nur um auf jede mögliche Frage seitens der Gesellschafter mit einer vorbereiteten Folie kompetent antworten zu können. Hier sei auch an die Empfänger von Präsentationen appelliert, sich bei aller Empfängerorientierung auch Gedanken über den hinter der Präsentation steckenden Ressourceneinsatz zu machen. Kann es nicht auch möglich sein, auf eine Frage, die nicht sofort beantwortet werden kann, die Antwort in kompetenter Weise innerhalb weniger Stunden oder Tage nachliefern zu dürfen? Dieser Ressourceneinsatz wäre deutlich geringer als die Beschäftigung von Assistenten und Stäben über Tage und Wochen, um eine 100-Prozent-Lösung vorbereiten zu können. Auch hier gilt aus meiner Sicht das Pareto-Prinzip, dass mit 20 Prozent des Aufwandes 80 Prozent des Nutzen erzielt werden kann. Bei Fragen die spontan nicht beantwortet werden können sollte es möglich sein, die Antwort nachzuliefern, ohne gleich einen »Karriere-Knick« zu riskieren. Das wäre der wirtschaftlichere Umgang mit den Ressourcen der Mitarbeiter und Gesellschafter.

Grundgestaltung der Präsentation

Als erster Schritt einer Grundgestaltung empfiehlt sich der Aufbau einer Gliederung. Ist die Gliederung zielorientiert? Sind Start und Landung angeschnallt? Darunter ist zu verstehen, dass der erste und letzte Eindruck besonders haften bleiben. Stimmt die Verteilung der Folien zwischen den Bereichen »Einleitung«, »Hauptteil« und »Zusammenfassung«?

Ist eine Strukturierung in Form einer Gliederung zum Einstieg in ein unbekanntes Thema noch nicht möglich, empfiehlt sich der Aufbau eines Mindmaps. Hiermit können die verschiedenen Aspekte zunächst simultan geordnet werden und anschließend in eine hierarchische und zeitliche Reihenfolge gebracht werden.

Ist so eine Struktur entwickelt worden, gilt es sie mit Input zu »füttern«. Wie liegt dieser Input vor? Liegt er in einer Dateiform vor, die ohne Medienbruch in das Präsentationsprogramm übernommen werden kann oder z.B. in Papierform, so dass zunächst eingescannt oder manuell übertragen werden muss? Auf jeden Fall empfiehlt sich eine Sichtung des Input-Materials und daraus resultierend eine Zielorientierung (Message) der Präsentation. Nicht dass hinterher vor lauter »Folienbäumen« der »Folienwald« nicht mehr gesehen wird, d.h. die eigentliche Message durch Folien, die Nebenaspekte beleuchten, verloren geht.

In Abhängigkeit vom vorliegenden Input-Material ist die Gestaltungsform der Folien zu definieren. Es lassen sich folgende Grundformen der Gestaltung unterscheiden: Textfolien, Tabellenfolien, Folien mit Symbolen und Folien mit Grafiken. Beim Aufbau dieser Folien sollte berücksichtigt werden, dass die

Wahrnehmung zunächst von oben nach unten und dann von links nach rechts erfolgt. Elemente, die auf der Folie rechts unten angeordnet sind, werden zuletzt oder gar nicht wahrgenommen. Auch üben die einzelnen Darstellungselemente einen unterschiedlichen Reiz auf die Wahrnehmungsfähigkeit aus: Bewegung wird vor Statik aufgenommen; Farbe vor Schwarzweiß; und Bild vor Klang, dieser wiederum vor Text. Mit den intensiven »Reizmitteln« Bewegung/Video und Klang sollte jedoch sehr vorsichtig umgegangen werden, da es einerseits zu einer Reizüberflutung kommen kann und andererseits die Erstellung sehr zeitaufwändig ist.

Folien mit Textinhalten sollten den Text nur in Stichworten enthalten. Es handelt sich um eine Präsentation und nicht um eine Lesestunde. Die Präsentation soll den Vortrag begleiten und unterstreichen aber nicht selber der eigentliche Inhalt sein. Definitionen dürfen als Ausnahmefall im Wortlaut präsentiert werden. Nur so ist auch eine Einhaltung der Mindestbuchstabengröße von 24 Punkten zu erreichen. Reicht eine Folie für die Darstellung der Stichworte eines Themenpunktes nicht aus, ist im Zweifelsfall eine weitere Folie zu erstellen.

Auch bei Tabellen sollte die Schriftgröße von 24 Punkten nicht unterschritten werden. Das führt häufig zu einer Reduzierung der Inhalte auf das Wesentliche. Auch sollte darauf geachtet werden, dass die Zeilen- und Spaltenüberschriften deutlich hervortreten sowie die Schlüsselzahlen deutlich erkennbar sind. Schließlich könnte noch überlegt werden, ob an der einen oder anderen Stelle die Linien des Tabellenformulars reduziert und die einzelnen Spalten wechselweise durch eine leichte Grau- oder Farbunterlegung angedeutet werden können. Linien wirken bei einer Projektion sehr stark teilend und trennend. Auch über Symbole lohnt sich das Nachdenken. In Abhängigkeit von der Zielgruppe wirkt ein normaler Punkt oder ein Dreieck häufig besser/neutraler als die allseits bekannte Hand mit ausgestrecktem Zeigefinger oder ein rotes plakatives Ausrufezeichen. Sollten Symbole jedoch genau zum Präsentationsthema passen, ist ein sparsamer Umgang mit ihnen sogar noch aussageverstärkend.

Beim Einsatz von Grafiken ist zunächst der Grafiktyp zu unterscheiden. Handelt es sich um Vektor-Grafiken, so benötigen diese einen geringen Speicherplatz und lassen sich ohne Qualitätsverluste in ihrer Größe anpassen (skalieren). Pixel-Grafik Bitmaps können hingegen regelrechte Speicherfresser sein, insbesondere wenn es sich um eingescannte Farbgrafiken in hoher Auflösung handelt, die über 12 MB groß werden. Hieraus resultieren bei der Präsentation recht schnell Fragen des Speichermediums und unangenehme Wartezeiten, wenn das System erst einmal 60 MB einlesen muss. Außerdem werden Pixel-Grafiken relativ schnell unattraktiv, wenn sie im Vergleich zum Original vergrößert oder verkleinert werden. Das gleiche gilt für das Einbinden von Videos in die Präsentation, z.B. Ansprache des Big Bosses aus der Konzernzentrale. Hier ist insbesondere die ruckelfreie Präsentation zu prüfen und die Kompatibilität der Videopräsentationssoftware mit der Video-Datei. Hier kommt es immer wieder zu Kompatibilitätsproblemen bei der Ton-Wiedergabe.

Neben individuellen Abbildungen gibt es für Controller fünf Grundformen von Diagrammen:

1. Zu den Hauptgrafiken des Controllers gehört die Gruppe der Säulen-, Balken-, Zylinder-, Kegel- und Pyramiden-Diagramme. Bei Balken-Diagrammen befindet sich die unabhängige Variable (Rubrik) auf der Y-Achse, während die abhängige Variable (Wert) auf der X-Achse abgetragen wird. Die Balken-Grafik eignet sich insbesondere zur Darstellung von Rangfolgen: »Die Nummer 1 im Markt ist....«,«Wir liegen an 5. Stelle.«. Für diese Darstellungsform spricht insbesondere, dass bei der Darstellung von Balken-Diagrammen im Querformat an der Rubriken-Achse (Y-Achse) mehr Platz zur horizontalen Beschriftung zur Verfügung steht als an der X-Achse. Säulen-Diagramme (Rubrik

auf der X-Achse, Wert auf der Y-Achse) werden zumeist zur
Darstellung von Zeitreihen-Vergleichen über eine geringe
Anzahl von Perioden (6 bis 8) eingesetzt, z.B. »ROI/DB-
Entwicklung in den nächsten 5 Jahren« Soll eine größere
Anzahl von Perioden betrachtet werden und evtl. zusätz-
lich noch mehrere Faktoren (ROI und Marktanteil) mitei-
nander verglichen werden, so empfiehlt sich der Einsatz
eines Linien-Diagramms. Ein weiteres Einsatzgebiet für
Säulen-Grafiken besteht noch in der Visualisierung von
Verteilungskurven nach Größenklassen. Zum Beispiel
Deckungsbeiträge nach Produkt-Altersklassen. Die in die-
sem Absatz oben genannten weiteren Grafik-Typen sind
ausschließlich Varianten der beschriebenen Balken- und
Säulen-Grafiken mit gleichem Einsatzgebiet.

Eine weitere Einsatzmöglichkeit für Balkengrafiken im
Controlling-Prozess mag noch in der grafischen Überleitung eines Plan-Wert (z.B. 228 T€) in einen Ist-Wert (z.B.
252 T€) liegen.

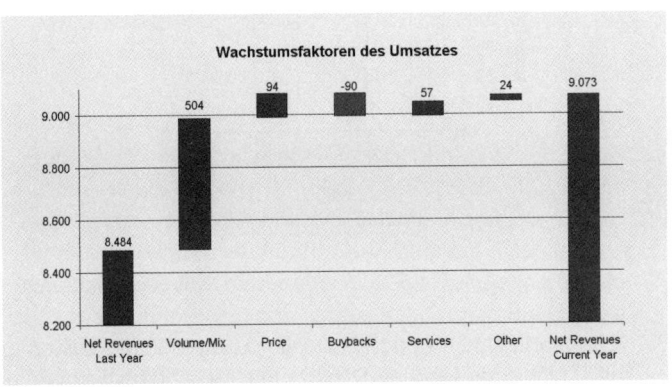

Abbildung 8.1: Canyon-Grafik

2. Ein anderer Grafik-Typ ist das Kreis-Diagramm, der inzwischen auch in der Variation Ring-Diagramme anzutreffen ist. Diese Grafiken sind insbesondere anzuwenden, wenn es um die Darstellung eines Anteils an einer Gesamtheit geht, z.B.: »Wir haben beim Kunden A eine Versorgungsquote von 30 %«. Geht es um den Vergleich zweier Strukturen, so wären statt zweier Kreis-Diagramme die Verwendung von zwei Balken-Diagrammen zu erwägen, deren entsprechende Segmente durch Linien verbunden sind. Dies führt zu einer leichteren Vergleichbarkeit als bei der Verwendung von Kreis-Diagrammen.

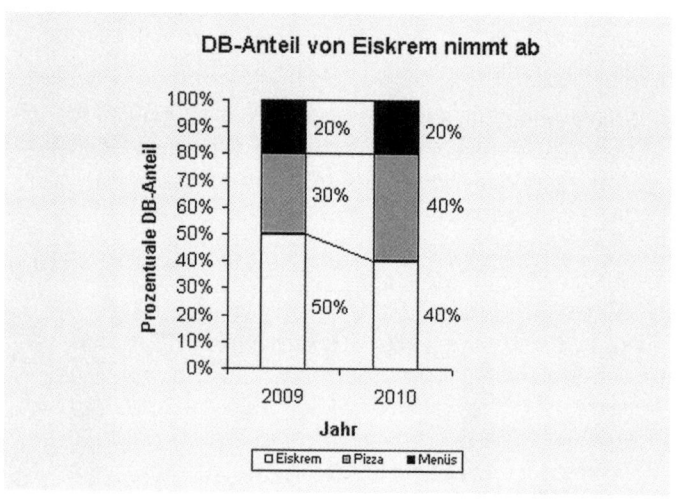

Abbildung 8.2: Strukturvergleich mit verbundenen Säulendiagrammen

3. Sehr gebräuchlich in der Controller-Funktion sind weiterhin Linien- und Flächen-Diagramme. Sie sind insbesondere bei der vergleichenden Betrachtung verschiedener Kenngrößen über eine längere Zeitdistanz empfehlenswert. Typische Problempunkte bei der Verwendung von Linien- und Flächen-Diagrammen ist der Spaghetti-Effekt, d.h. eine

Überfrachtung der Darstellung mit Kurvenverläufen.
Weiterhin sind die Linien häufig zu dünn gezeichnet und
damit schlecht erkennbar. Sie sollten nur dann eingesetzt
werden, wenn zwischen den Rubriken ein (meist zeit-
licher) Zusammenhang besteht. So darf die Entwicklung
des Deckungsbeitrages mit einem Kunden X in den Jahren
1 bis 5 als Linien-Grafik dargestellt werden. Hingegen
sollte die Darstellung der einzelnen Produktdeckungsbei-
träge im Jahr 1 als Balken- oder Säulen-Grafik erfolgen.

4. Zunehmende Bedeutung für den Controllerbereich bekommen sogenannte X-Y-Diagramme. Sie sind auch häufig unter dem Namen Punkt-Diagramme bekannt. Bei diesem Dia-
   grammtyp muss die X-Achse aus einer quantitativen Größe
   bestehen. Mit diesem Grafik-Typ lassen sich Verbindungen
   (Korrelationen) zwischen zwei Variablen darstellen. So läßt
   sich beispielsweise auf der Y-Achse der Umsatz pro Kunde
   abtragen, während auf der Y-Achse der Deckungsbeitrag
   pro Kunde ausgewiesen wird. Eine normale Funktion liefe
   vom Segment kleiner Umsatz kleiner Deckungsbeitrag zum
   Segment hoher Umsatz, hoher Deckungsbeitrag. Für Visua-
   lisierungszwecke könnte dieser Verlauf durch einen Pfeil gekennzeichnet werden. Insbesondere eine Abweichung von
   dieser Zielfunktion durch besonders viele Punkte im Segment »Hoher Umsatz«/«Niedriger absoluter Deckungsbeitrag« bedürfte einer näheren Prüfung. Die Punktgrafik ist
   insbesondere zur Visualisierung der Abhängigkeiten zwischen zwei Variablen bei vielen Einzelelementen (Kunden,
   Produkte, Vertreter, etc.) anzuwenden. Bei bis zu 20 Elementen (z.B. Kunden) läßt sich eine Korrelation auch in
   Form vergleichender Balken und Säulendiagramme visualisieren. Die Kunden werden nach fallenden oder steigenden
   Umsätzen sortiert und pro Kunde neben der Umsatzsäule
   eine Deckungsbeitragssäule gesetzt. Auch eine Kombination
   aus Balken- und Liniendiagramm eignet sich manchmal zur
   Darstellung einer Korrelation mit wenigen Elementen.

5. Eine weitere Dimension kann bei Portfolio-Diagrammen, die von Microsoft als Blasen-Diagramme bezeichnet werden, hinzugefügt werden. Ein Punkt des XY-Diagramms kann hier zu einem Kreis vergrößert werden. Der Radius dieses Kreises kann z.B. den Umsatz in Relation zu anderen Kreisradien symbolisieren. Symbolisiert die Kreisfläche den Umsatz, so kann in den Kreis eine weitere Dimension, z.B. für den Deckungsbeitrag als Anteil am Umsatz, in Form eines Kreissektors eingefügt werden. Dieses Verfahren ist separat im Kapitel Portfolio-Generierung auf dem PC erläutert.

Neben diesen Standard-Diagrammtypen existieren noch die speziellen Diagrammtypen Kurs-Diagramm, Netz-Diagramm, Oberflächen-Diagramm und Landkarten-Diagramm.

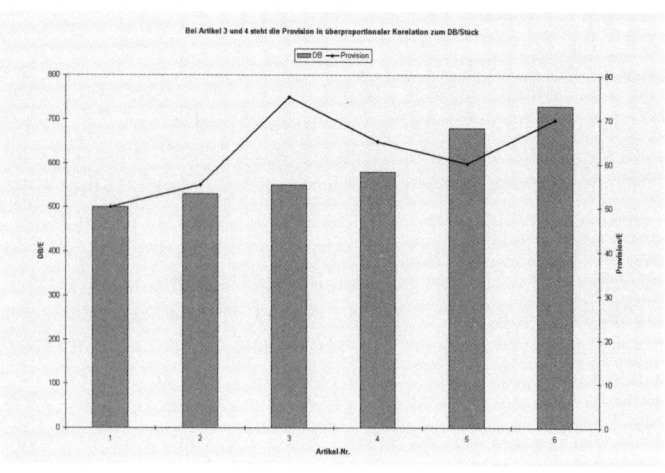

Abbildung 8.3: Korrelationsdarstellung durch Kombination von Säulen- und Liniendiagramm

Feingestaltung

Bei der Feingestaltung geht es um das Fine-Tuning der jeweiligen Folie. Ist die jeweilige Folie zielorientiert? Ist die Gestaltung lesbar - hier vielleicht auch einen Test mit dem Vortragsmedium im späteren Präsentationsraum? Lassen sich noch Reduzierungen durchführen, ohne dass die Aussage der Darstellung verloren geht? Weniger Inhalt pro Folie ist immer mehr. Sind die Kontraste ausreichend, ohne zu groß zu sein? Falls Sie Rahmen auf Ihrer Folie eingefügt haben, entspricht die Linienstärke des Rahmens mindestens der Breite der Textzeichen? Ein spezielles Thema ist auch die Wahl der jeweiligen Folienüberschrift. Die jeweilige Überschrift sollt zielorientiert gewählt werden. Kontrovers wird jedoch die konkrete Formulierung der Überschrift diskutiert: Soll sie neutral gehalten werden (»Umsatz nach Regionen«) oder als wertender Aussagetitel (»Der Umsatz in Region Nord ist gefallen«)? Bei einer neutralen Formulierung besteht die Gefahr der Fehlinterpretation, die Folie wäre aber multifunktional einsetzbar. Ein wertenden Aussagetitel ist mit Sicherheit zielorientiert, birgt aber leicht die Gefahr einer Manipulation. Auch müsste die Folie je nach Anlaß wieder überarbeitet werden. Für was Sie sich entscheiden, mögen Sie anhand Ihres konkreten Präsentationszieles individuell entscheiden.

Endkorrektur

Empfehlenswert für die Endkorrektur wäre es, die Präsentationsunterlagen einem kompetenten Dritten vorzulegen, einem Kollegen oder fachkundigem Freund, der insbesondere auf bisher übersehene Schreibfehler und ein einheitliches Layout achten möge. Auch kann mit ihm die Zielorientierung überprüft werden, in dem er nach einem ersten Durchlesen nach der von ihm wahrgenommenen Botschaft der Folien gefragt wird. Wird die Grundbotschaft im Zweifelsfall auch durch die Folien allein transportiert? Kann auch er noch Vorschläge zur Reduzierung des Umfanges oder einzelner Folien beisteuern?

Präsentation

An dieser Stelle möge für allgemeine Präsentationsfragen auf die umfassende Literatur und Seminare zu diesem Thema verwiesen sein. Hier geht es konkret um die Darstellung einzelner ausgewählter Punkte im Zusammenhang mit PC-gestützter Folienvorbereitung und Präsentation.

Die konkrete Präsentationsvorbereitung ist wesentlich für den Präsentationserfolg. Es ist z.B. empfehlenswert, am Tag vor der Präsentation noch einmal den Präsentationsraum zu besichtigen. Wie ist die Bestuhlung? Hat jeder genügend Platz zum Ausbreiten seiner Unterlagen und zum Mitschreiben? Sitzt keiner mit dem Rücken zur Leinwand? Sind die Handouts fertiggestellt und verteilt? Funktionieren die Verdunklung und die Beleuchtung? Ist ein Beamer vorhanden oder sind zwei Geräte bereitgestellt? Haben Sie ein zweites Gerät zur Verfügung, so kann während der Projektion auf diesem Gerät als »roter Faden« die Gliederung eingeblendet bleiben. Steht nur ein Gerät bereit, so sollte beim Wechsel der einzelnen Kapitel zur Orientierung und als »roter Faden« die Gliederung wieder kurz aufgelegt werden. Ist für den Beamer ein Reservegerät vorhanden bzw. ist eine Reservebirne bereitgelegt und wie wird sie gewechselt? Besteht ein Zeitbudget und sind auch Pausen für Kaffee vorgesehen? Ist im Raum auch ein Flip-Chart oder eine Pinwand mit ausreichendem Papiervorrat bereitgestellt, um Fragen aus dem Plenum in einen Themenspeicher aufzunehmen oder auch eine Ad-hoc-Visualisierung durchzuführen? Ist ein Medienwechsel vom Beamer zum Flip-Chart überlegt worden, um durch diesen Medienwechsel Abwechslung, Aufnahmebereitschaft und Dynamik zu erzeugen? Sind PC und Beamer bereits installiert und ist die Präsentationsdatei eingespielt worden? Gibt es keine Kompatibilitätsprobleme? Kann bereits ein Probelauf mit dem

gesamten Equipment durchgeführt werden? Ist die Projektions-
zeit mit dem Systemverwalter abgestimmt, falls der Projek-
tions-PC im Netz steht, so dass während der Projektion nicht
gerade das lokale Netz für Wartungsarbeiten heruntergefahren
wird (alles schon passiert!)?

Durchführung

Für einen präsentierenden Controller gilt das Filo-Prinzip, d.h.
er ist der Erste im Raum (First in) und der letzte, der den Präsentationsraum verläßt (Last out). In dieser Weise kann er unmittelbar vor der Präsentation noch einmal rechtzeitig den
Raum und das gesamte Equipment in Augenschein nehmen
und noch einen Testlauf mit der gesamten Hard- und Software
vornehmen. Dabei ist auch zu überprüfen, ob genügend Fo-
lien-, Whiteboard- und Flipchart-Stifte für die Entwicklung von
Ad-hoc-Darstellungen bereitliegen. Dieser Testlauf sollte so gestaltet sein, dass er abgeschlossen werden kann, bevor die ersten Teilnehmer den Vortragsraum betreten. Wenn diese den
Raum betreten, sollte der präsentierende Controller sich voll
ihnen widmen können, sich auf ihre Fragen, Meinungen und
Einstellungen bereits vor Präsentationsbeginn einstimmen und
für organisatorische Fragen noch zur Verfügung stehen.

Während der Präsentation ist darauf zu achten, dass der
Raum nicht zu sehr abgedunkelt wird. Hier ist ein Kompromiß
zwischen Lesbarkeit und Leuchtkraft der Folien einerseits und
dem Kino-Effekt andererseits zu treffen. Als Kino-Effekt bezeichnen wir das leichte, entspannte Zurücklehnen der Teilnehmer und das abwartende Aufnehmen der Dinge, die da so geschehen. Der Raum sollte mindestens soviel Helligkeit aufweisen, dass die einzelnen Teilnehmer noch erkannt werden können bzw. eine Wortmeldung gesehen wird. Für Visualisierung
am Flip-Chart müsste die Beleuchtung, soweit nicht schon geschehen, erhöht werden, wobei ein plötzliches Einschalten der
vollen Neonbeleuchtung zu vermeiden wäre. Treten während

der Präsentation technische Probleme auf, so gilt eine alte Moderationsregel: »**Störungen haben Vorrang!**«. Machen Sie die Störung zum Thema - meistens haben die Teilnehmer Verständnis. Sind die Probleme größer, bitten Sie die Gruppe um eine 10-Minuten Pause. Ist auch nach Pausenende die Störung nicht behoben, so wäre mit der Gruppe das weitere Vorgehen zu besprechen: Soll der Vortrag mündlich weitergeführt werden anhand der vorhandenen Handouts oder auf einen neuen Termin vertagt werden?

Zur Erhöhung der Dynamik und Überzeugungskraft des Vortrages kann auch die Overlay-Technik eingesetzt werden. Ursprünglich wurden dabei auf eine teilweise fertiggestellte Folie weitere Folien mit ergänzenden Bestandteilen aufgelegt, so dass sukzessive eine komplexe Darstellung entwickelt wurde. So kann der Informations-Overload einer komplexen Darstellung umgangen werden. Diese sukzessive Ergänzung kann nicht nur durch zusätzliche Folien, sondern auch durch handschriftliche Ergänzungen erfolgen. Weiterhin kann mit Präsentations- und Projektionssoftware der Aufbau komplexer Folien via Beamer-Projektion auch sukzessive erfolgen.

Nachbereitung

Eine Nachbereitung sollte möglichst noch am Ort erfolgen. Nachbereitungsaspekte wären die persönliche Verabschiedung der Teilnehmer, das Mitnehmen des gesprächsbegleitenden Protokolls vom Flip-Chart, der Abbau der Hardware sowie das Notieren der vorzunehmenden Änderungen für die nächste Präsentation.

Manipulationsgefahr

Der letzte Absatz dieses Kapitels sei noch den Manipulationsgefahren gewidmet, die mit grafischer Darstellung verbunden sind. Ist die Gefahr erkannt, weiß ich wo Manipulationsmöglichkeiten bestehen, ist auch die Gefahr gebannt, d.h., ich kann bei der Erstellung und auch als Teilnehmer an einer Präsentation meine Aufmerksamkeit speziell auf diese Aspekte lenken, um einer Manipulation vorzubeugen. Ein Aspekt, der Manipulationsgefahr beinhaltet, ist die dreidimensionale Darstellung. Sie wirkt professionell, birgt aber die Gefahr der Verzerrung. Besonders deutlich wird es bei der Erstellung von 3-D-Kreisdiagrammen, bei denen das vordere Segment perspektivisch größer erscheint als seinem tatsächlichen prozentualen Anteil entspricht. Deutlich wird dieser Unterschied, wenn dieses Segment vergleichend in einer 3-D-Kreisdarstellung und in einem normalen Kreisdiagramm betrachtet wird. Bei 3-D-Säulen und Balkendiagrammen tritt das Problem auf, dass sich die Endpunkte der jeweiligen Säulen oder Balken nicht genau ausmachen lassen. Wo liegt der Wert? An der vorderen, mittleren oder hinteren Kante?

Unterstrichen wird dieser 3-D-Effekt noch durch besonderen Einsatz der Perspektive. Lässt man Säulengrafiken von links unten nach rechts oben verlaufen, so wirken auch absolut fallende Zahlen durch diesen perspektivischen Effekt noch steigend.

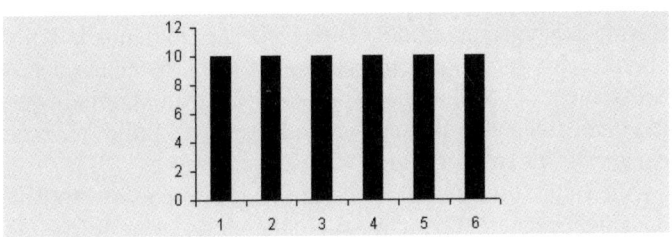

Abbildung 8.4: Säulendiagramm ohne 3-D-Perspektive

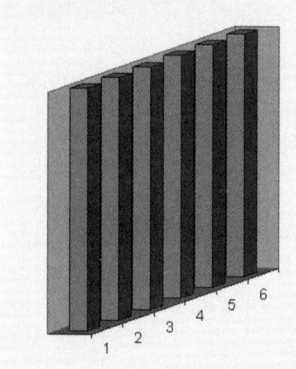
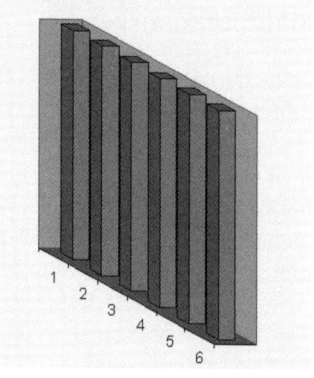

Abbildung 8.5: Säulendiagramm Säulendiagramm mit 3-D-Perspektive führt zum Wachstumseindruck

Abbildung 8.6: Säulendiagramm mit 3-D-Perspektive führt zum Degressionseindruck

Weitere Manipulationsmöglichkeiten resultieren aus dem Wechsel des Maßstabes. Wird von einem linearen Maßstab auf einen logarithmischen Maßstab gewechselt, so wirken sich Schwankungen im unteren Wertebereich stärker aus als im oberen Wertebereich. So können beispielsweise Abweichungen im oberen Wertebereich »nivelliert« werden. Aber auch bei linearen Grafiken lässt der Maßstab Manipulationsmöglichkeiten zu. Wird in Relation zum dargestellten Wertebereich ein zu großer Maßstab gewählt, werden Schwankungen kleiner ausgewiesen im Vergleich zu einem Maßstab, der den dargestellten Wertebereich genau umfasst. Dieser Effekt wird häufig in Kombination mit der Möglichkeit eingesetzt, die Darstellung der Y-Achse nicht bei Null zu beginnen sondern beim Minimumwert des darzustellenden Wertebereichs. Dieser Effekt führt auch zu einer verstärkten Darstellung von Schwankungen.

Auch die Form der Darstellung bietet optische Manipulationsmöglichkeiten. Versuchen Sie doch einmal eine Kurve mit Schwankungen, z.B. monatliche Umsatzfunktion, in einer Grafik darzustellen, die ein rechteckiges Format aufweist. Markieren Sie jetzt diese Grafik und klicken auf den rechten oberen Greifer der markierten Grafik und überführen diese Grafik in ein quadratisches Format, d.h. sie wird horizontal gestaucht und vertikal verlängert, so dass sich ein Rechteck ergibt, das auf seiner kürzeren Seite steht. Als Effekt ergibt sich, dass die Kurvenausschläge verstärkt werden. Der umgekehrte Effekt ergibt sich, wenn Sie diese Grafik wieder überführen und zwar in ein kleineres Rechteck, das auf seiner längeren Seite steht, d.h. die Darstellung wird vertikal gestaucht und horizontal gestreckt. Jetzt ergibt sich eine Darstellung in der die Amplitude der Kurve optisch kleiner wirkt.

Auch besteht noch eine Manipulationsgefahr darin, dass die Einheiten an der Achse nicht aufgeführt werden.

Neben diesen den Diagrammen innewohnenden Manipulationsgefahren bestehen noch weitere Gefahren in Form ablenkender oder irreführender Überschriften und insbesondere in der Überladung von Grafiken mit optischen Elementen, die zu einer Ablenkung von der wesentlichen Aussage führen soll. Unter diesen Aspekten sind Grafiken besonders zu prüfen.

Tabellen

Tabellen sollten ein Grundgitter zur Orientierung enthalten, das aber auf die wesentlichsten Linien reduziert sein sollte, da Linien sehr stark die Aufmerksamkeit/Orientierung binden. Zu viele Linien führen zur Irritation und Ablenkung.

In Tabellen sollten Zahlen möglichst rechtsbündig dargestellt werden, wobei darauf zu achten wäre, dass das Komma bei spaltenweiser Darstellung von Zahlen mit Dezimalstellen immer an der gleichen Stelle untereinander steht.

Als Controller Online

Das Internet bietet für den Controller zahlreiche Möglichkeiten der Informationsbeschaffung und der Kommunikation mit Controller-Kollegen. Einige, an dieser Stelle nachfolgend gezeigte Beispiele, mögen hier gut gelungene Möglichkeiten zur Informationsbeschaffung und zur Kommunikation repräsentieren.

Informationsquellen für Controller im Internet

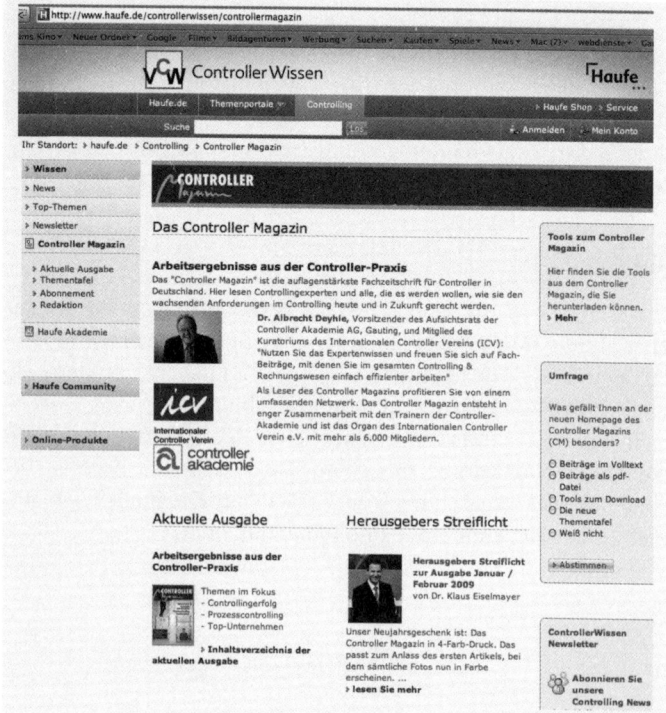

Zunächst können Sie als Controller, wenn Sie nach Fachaufsätzen zu einem bestimmten Thema suchen, die Seite des Controller Magazins kontaktieren. Hier ist besonders die Rubrik »Thementafel« empfehlenswert. Nach verschiedenen Themenkreisen sind dort alle bislang im **Controller Magazin** erschienenen Artikel aufgelistet. So ist eine schnelle Orientierung bei der thematischen Suche nach Aufsätzen möglich. Wenn Sie das Controller Magazin mit dem gefundenen Aufsatz gerade nicht in ihrem Regal haben, können Sie den gewünschten Aufsatz gegen eine kleine Gebühr per E-Mail oder telefonisch ordern. Weiterhin kann auf der Homepage des Controller Magazin das aktuelle Editorial eingesehen sowie ein kostenloser monatlicher E-Newsletter mit aktuellem Informationen zum Controlling abonniert werden, der vom ControllerMagazin in Verbindung mit der Controller Akademie und dem Internationalen Controller Verein herausgegeben wird.

Ein Beispiel für ein Online-Journal, das auch für Controller sehr interessante Informationen erhält, ist die Site CFO.com. Neben Aufsätzen zum Bereich Finance werden auch Diskussionsforen zu speziellen Themen angeboten. Ebenso empfehlenswert ist der Internet-Auftritt der Financial Times Deutschland (FTD), insbesondere wenn es um die Recherche nach Markt-, Finanz- und Mitbewerberinformationen geht (www.ftd.de). Für die Suche nach finanziellen Daten über Mitbewerber ist auch das elektronische Handelsregister ein guter Einstieg. Das Gesetz über das elektronische Handelsregister und Genossenschaftsregister sowie das Unternehmensregister (EHUG) ist am 1. Januar 2007 in Kraft getreten. Damit wurde die 1. gesellschaftsrechtliche EU-Richtlinie (Registerpublizität) umgesetzt. Durch das EHUG wurde auch die Publizitätspflicht verschärft. Diese Pflicht gilt für alle Kapital- und Personengesellschaften ohne natürliche Person als persönlich haftenden Gesellschafter, z. B.

Abbildung 9.1: Online Recherche nach Aufsatztiteln des Controller Magazins unter www.controllermagazin.de

die GmbH & Co. KG. Existiert eine Person als persönlich haftender Gesellschafter, sind Personengesellschaften und Einzelunternehmen nur zur Publizität verpflichtet, wenn ihr Geschäftsbetrieb einen erheblichen Umfang aufweist: Bilanzsumme ab 65 Mio. Euro oder Umsatzerlöse ab 130 Mio. Euro oder mindestens 5.000 Arbeitnehmer.

Alle publizitätspflichtigen Unternehmen haben mindestens eine Bilanz, eine GuV und einen Anhang in elektronischer Form beim elektronischen Bundesanzeiger einzureichen. Diese Unterlagen können über das Internet von jedem interessierten über http://www.unternehmensregister.de im Bereich »Rechnungslegung/Finanzberichte« eingesehen werden.

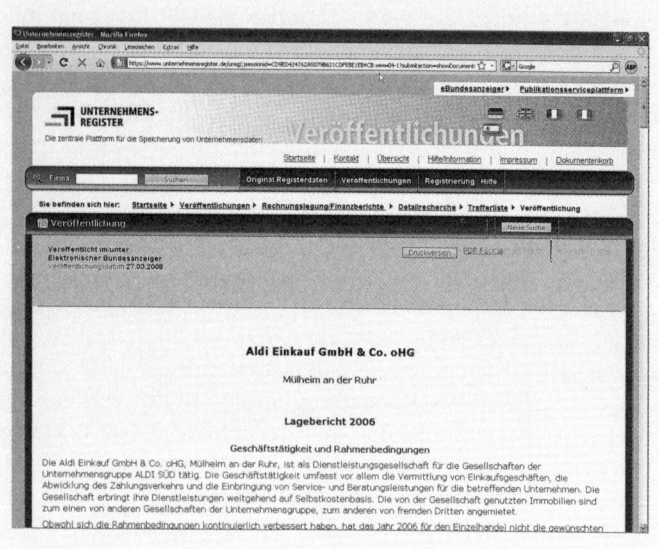

Abbildung 9.2: Beispiel aus dem Unternehmensregister (www.unternehmensregister.de) für die Aldi Einkauf GmbH & Co. oHG

Ausbildung und Weiterbildung via Internet

Zu diesem Thema finden Sie auf der Homepage der **CA Controller Akademie** beispielsweise Informationen über die angebotenen Seminare und durchführenden Trainer, zu denen Sie sich online anmelden können. Weiterhin gibt es einen Bereich CA-Aktuell, der überwiegend Hinweise auf Veranstaltungen enthält, an denen CA-Trainer mitwirken. Besonderes Interesse dürfte die Rubrik »Re-Training« genießen. In diesem Bereich stellt die Controller Akademie Excel-Tabellen und PDF-Files aus ihrem Seminarprogramm zum Download bereit, damit die Teilnehmer diese Beispiele durch Verwendung an ihrem Arbeitsplatz vertiefen können.

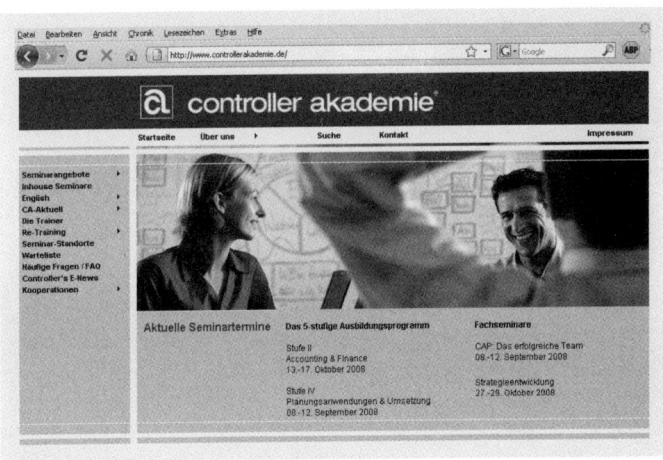

Abbildung 9.3: Homepage der CA Controller Akademie:
http://www.controllerakademie.de

Die Haufe-Mediengruppe bietet auf ihrer Homepage erste E-Learning-Kurse an. Für Controller mag da beispielsweise eine Internet-gestützte Ausbildung im Projektmanagement interessant sein.

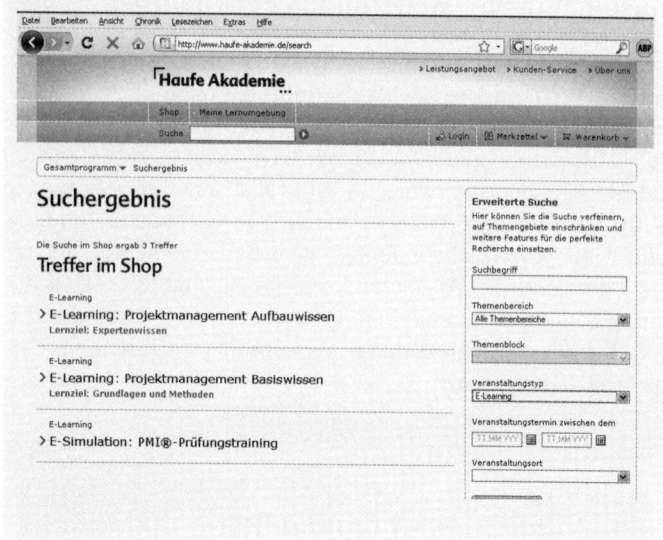

Abbildung 9.4: E-Learning-Kurse bei Haufe (http://www.haufe-akademie.de)

Der Internationale Controller Verein informiert unter http://
controllerverein.de über sein Angebot. Hier wird über Veröf-
fentlichungen, die Arbeitskreise sowie Leitveranstaltungen
(z.B. Kongresse u. Orientierungstage) berichtet. In der Rubrik
»Controlling-Wissen« werden zahlreiche Präsentationen und
Publikationen aus den Controller-Kongressen und Arbeitskreis-
veranstaltungen der letzten Jahre zum Download zur Verfügung gestellt.

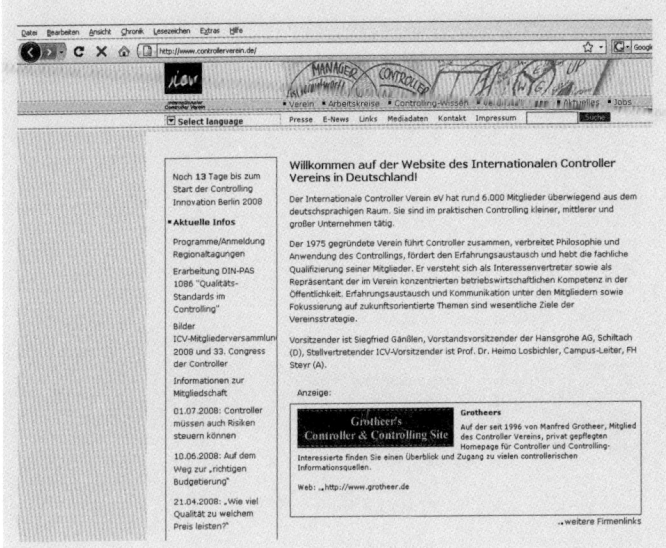

Abbildung 9.5: Homepage des Controller Vereins: www.controllerverein.com

Virtuell können Controller auch Kontakt miteinander aufnehmen über XING. Dort haben sich über 200 Controller des ICV
zusammengefunden, um in einer XING-Gruppe controllerische
Themen zu diskutieren. Diese Gruppe ist über die URL https://
www.xing.com/net/controllerverein zu erreichen.

Neben der Gruppe des ICV besteht in XING noch eine zweite Controlling-Gruppe, die nicht an eine Mitgliedschaft im ICV
gebunden ist. Diese Gruppe mit über 9.000 Mitgliedern behan-
delt in ihren Foren überwiegend die Themen Stellenangebote/
Stellengesuche, Seminare, Controlling-Methoden und -Tools. Sie
hat von den Controlling-Meinungen und -Ansätzen eine deutlich größere Heterogenität. Gleichzeitig wird sie von vielen Free-
lancern als Akquise-Plattform genutzt. Diese Gruppe ist über
die URL https://www.xing.com/net/controlling zu erreichen.

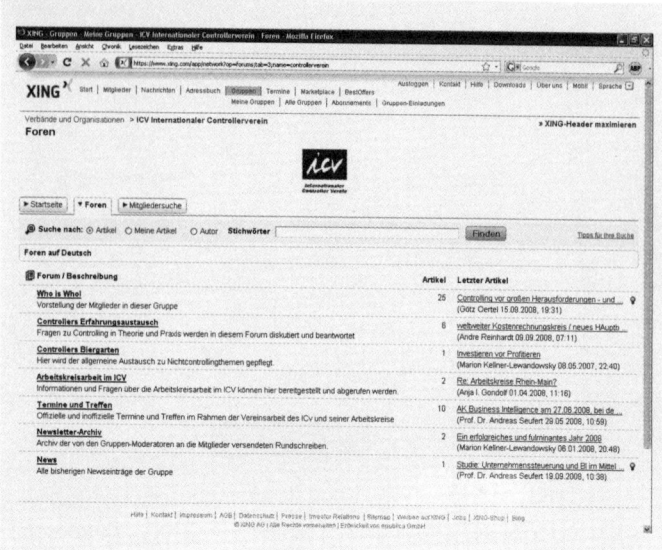

Abbildung 9.6: http://www.xing.com/net/controllerverein/

Controller's Homepage

Weiterhin finden Sie noch einige Internet-Seiten von mir unter
http://www.grotheer.de für Sie bereitgestellt. Das momentane
Inhaltsverzeichnis dieser Site sehen Sie auf der Abildung 9.7.
Monatliche aktualisierte Links zu controllerischen Quellen im
Internet bilden den Schwerpunkt dieser Seiten. Ergänzt werden
sie um eine persönliche Literaturliste sowie einige Themensei-
ten und Aufsätze.

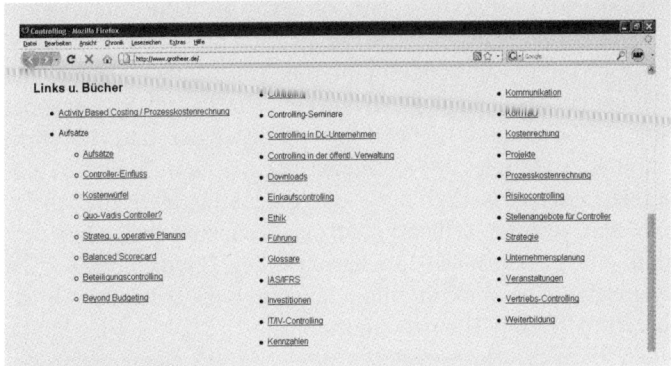

Abbildung 9.7: Controller's Homepage (http://www.grotheer.de)

Diese Site eignet sich besonders als Einstieg auf der Suche nach tiefer gehenden Controlling-Seiten im Internet. Auch sind in der Rubrik »Downloads« die in diesem Buch von mir verwendeten Spreadsheets für Sie bereit gestellt.

Großer Beliebtheit erfreut sich bei Controllern auch die Site »Controller Spielwiese«, insbesondere aufgrund ihrer zahlreichen Excel-Downloads für Controller. Sie ist unter der URL http://www.controllerspielwiese.de zu erreichen.

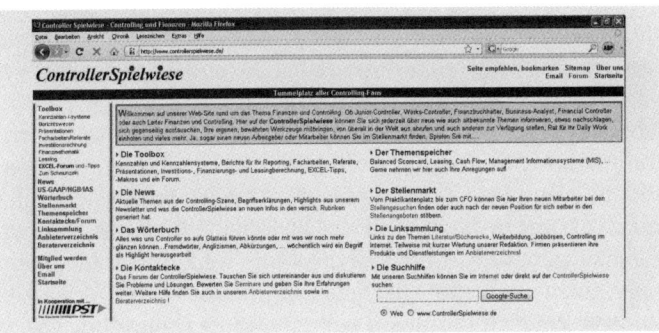

Abbildung 9.8: Controller Spielwiese (http://www.controllerspielwiese.de)

Last but not least sei hier an dieser Stelle noch die Competence-Site dargestellt. Sie gehört zu den ältesten und umfangreichsten Ressourcen für Controller im Internet. Das zentrale Element der Competence-Site ist der Wissenspool. In diesem Wissenspool sind insbesondere Fachbeiträge, Vorlesungen und Übungen namhafter Vertreter des jeweiligen Themas zum Download hinterlegt. Ergänzt werden diese Unterlagen durch Diskussionsforen. Ein weiterer Schwerpunkt der Competence-Site liegt auf dem Thema »Business-Intelligence«. Die Competence-Site ist wahrscheinlich bei Controlling-Studenten die beliebteste Internet-Adresse zum Thema »Controlling«.

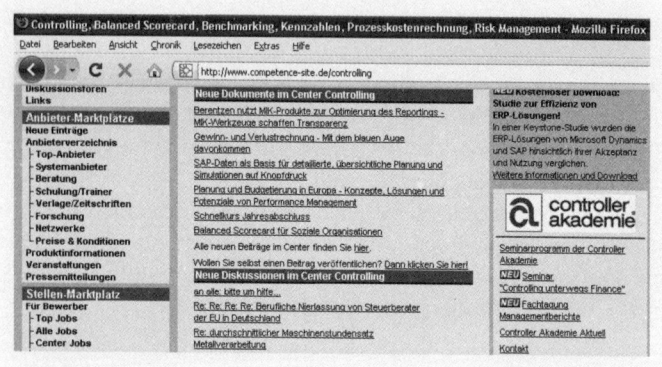

Abbildung 9.9: http://www.competence-site.de/controlling

Abschließend sei auch noch die Online-Controllingsanwendung »Haufe Controlling Office Online« empfohlen. Von der Planung und Budgetierung bis zur Unternehmenssteuerung informiert es in der stets aktuellen Version über das gesamte Praxis-Know-how für das Controlling. Neben Beiträgen zum operativen und strategischen Controlling sowie Aufsätzen zu Best-Practice-Lösungen enthält »Haufe Controlling Office Online« 600 Arbeitshilfen, die sich aus Berechnungsprogrammen, Checklisten, Präsentationsvorlagen und Excel-

Makros zusammensetzen. Eine einzigartige Informations-quelle für Controller. Nähere Informationen erhalten Sie über http://www.haufe.de.

Resümee

Die Verbreitung von Informationen, die auch der Controller nutzen kann, ist über das Internet tatsächlich in eine neue Dimension des Informationsmanagements gelangt. Durch Netzwerke können Informationen just-in-time, weltweit und beliebig häufig multipliziert und kommuniziert werden. Der Zugriff auf externe Informationen wird deutlich erleichtert. Netzwerke können aber nicht absolut neue controllerische  Informationen generieren oder diese Informationen kombineren und umzusetzen! Dazu bedarf es des unternehmerisch denkenden und handelnden Controllers – zusammen mit dem Manager im Team.

Abbildungsverzeichnis

Abbildungsverzeichnis

Abbildungsverzeichnis

Index